国家级实验教学示范中心联席会
计算机学科组规划教材

C语言程序设计
与项目案例教程 微课视频版

曹为刚　倪美玉　　　　主　编
王晓敏　姚跃亭　程　雷　副主编

清華大学出版社
北京

内 容 简 介

本书从初学者的角度出发，以通俗易懂的语言、丰富多彩的实例，按照"脉络导图→学习目标→技能基础→技能实战"主线编写。本书以培养读者程序设计的基本能力为基本目标，介绍了 C 语言的语法规则和结构化程序设计方法，通过大量的经典实例，剖析了 C 语言的重点和难点。

全书共 10 章，分别介绍 C 语言概述、顺序结构程序设计、选择结构程序设计、循环结构程序设计、函数、数组、指针、结构体和共用体、文件以及学生信息管理系统。

本书是 C 语言程序设计入门教科书，可作为高等学校计算机专业程序设计课程的基础教材，也可作为培训机构的 C 语言培训教材，还可作为 C 语言编程爱好者的自学参考书。

图书在版编目（CIP）数据

C 语言程序设计与项目案例教程：微课视频版/曹为刚，倪美玉主编.—北京：清华大学出版社，2023.4（2023.8重印）

国家级实验教学示范中心联席会计算机学科组规划教材

ISBN 978-7-302-62968-9

Ⅰ.①C…　Ⅱ.①曹…②倪…　Ⅲ.①C 语言－程序设计－高等学校－教材　Ⅳ.①TP312.8

中国国家版本馆 CIP 数据核字（2023）第 039901 号

责任编辑：陈景辉　张爱华
封面设计：刘　键
责任校对：韩天竹
责任印制：杨　艳

出版发行：清华大学出版社
   网　　址：http://www.tup.com.cn，http://www.wqbook.com
   地　　址：北京清华大学学研大厦 A 座　　　邮　　编：100084
   社 总 机：010-83470000　　　　　　　　　邮　　购：010-62786544
   投稿与读者服务：010-62776969，c-service@tup.tsinghua.edu.cn
   质量反馈：010-62772015，zhiliang@tup.tsinghua.edu.cn
   课件下载：http://www.tup.com.cn，010-83470236
印 装 者：三河市铭诚印务有限公司
经　　销：全国新华书店
开　　本：185mm×260mm　　印　　张：13　　　　　字　　数：319 千字
版　　次：2023 年 6 月第 1 版　　　　　　　　　　印　　次：2023 年 8 月第 3 次印刷
印　　数：3501～6500
定　　价：49.90 元

产品编号：095468-01

前　言

C语言也是目前流行的编程语言之一，它既有高级语言程序设计的特点，又有汇编语言的功能。C语言兼具运算符和数据类型丰富、生成的目标代码质量高、程序执行效率高、可移植性好等特点，可以实现复杂的算法，能胜任各种类型的开发工作，尤其是在嵌入式系统开发等领域，具有不可替代的作用。

本书内容

本书以 Visual Studio 2010 为编程环境，从初学者的角度出发，提供了从零开始学习 C 语言所需要掌握的知识和技术，共分为 10 章。第 1 章 C 语言概述，包括为什么要学习 C 语言、C 语言程序设计概述等。第 2 章顺序结构程序设计，包括 C 语言的基本数据类型、基本数据的输入与输出、运算符和表达式、C 语言语句分类等。第 3 章选择结构程序设计，包括选择结构 if 语句和选择结构 switch 语句等。第 4 章循环结构程序设计，包括循环程序结构、循环的嵌套和特殊控制语句、结构化程序设计思想等。第 5 章函数，包括函数概述、变量的作用域与生命期、预处理程序等。第 6 章数组，包括一维数组、二维数组、字符数组等。第 7 章指针，包括指针与指针变量、指针变量的应用等。第 8 章结构体和共用体，包括结构体、共用体、枚举和 typedef 类型定义等。第 9 章文件，包括文件的概念和基本操作等。第 10 章学生信息管理系统，包括系统功能设计、预处理模块和结构体、函数设计。

本书特色

（1）任务驱动，提升能力。以"脉络导图→学习目标→技能基础→技能实战"为主线，旨在提升读者的编程技术和能力。

（2）实例丰富，注重实践。通过精心组织的大量例题，培养学生分析问题和解决问题的能力，从而提高编程能力。

（3）提供源码，注释详细。通过"程序说明"模块对程序的运行过程进行分析，并对关键技术进行全面剖析与总结。

（4）突出重点，举一反三。编写"名师点睛"模块，让读者能够及时地巩固所学的知识，做到融会贯通,学以致用。

(5) 避坑提示,分析问题。每章编写"错误分析"小节,总结初学者易犯错误,并给出错误分析,帮助读者提高学习效率。

配套资源

为便于教与学,本书配有微课视频、源代码、教学课件、教学大纲、教案、题库、软件安装包。

(1) 获取微课视频方式:先刮开并扫描本书封底的文泉云盘防盗码,再扫描书中相应的视频二维码,观看教学视频。

(2) 获取源代码、软件安装包方式:先刮开并扫描本书封底的文泉云盘防盗码,再扫描下方二维码,即可获取。

源代码

软件安装包

(3) 其他配套资源可以扫描本书封底的"书圈"二维码,关注后回复本书书号,即可下载。

读者对象

本书是 C 语言程序设计入门教科书,可作为高等学校计算机专业程序设计课程的基础教材,也可作为培训机构的 C 语言培训教材,还可作为 C 语言编程爱好者的自学参考书。

本书是集体智慧的结晶,第 1 章和第 6 章由曹为刚编写,第 2 章由李兴凤编写,第 3 章由倪美玉编写,第 4 章由刘家惠编写,第 5 章由武帅编写,第 7 章由姚跃亭编写,第 8 章和第 10 章由王晓敏编写,第 9 章由程雷编写,全书由曹为刚负责统稿,电子资源由倪美玉完成。

致谢

在本书的编写过程中,参考了诸多相关资料,在此对相关资料的作者表示衷心的感谢。本书在文稿组织、案例选择以及实验的设计与验证方面得到浙江金华科贸职业技术学院"电子信息专业群"各位同事的鼎力帮助,在此对他们表示感谢!

限于个人水平和时间仓促,书中难免存在疏漏之处,欢迎广大读者批评指正。

作　者
2023 年 1 月

目 录

第1章

C语言概述

脉络导图

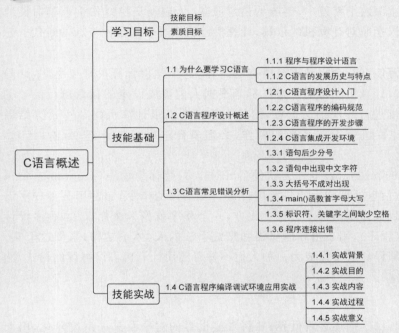

案例导读

学习目标

技能目标:

(1) 能编写简单的 C 语言程序。

(2) 能解决初学者编写程序易犯的错误。

素质目标:

(1) 通过介绍 C 语言的发展,联系到中国科技的发展,让学生认识到一个国家科技落后就会发展滞后,培养学生刻苦学习、奋发图强的爱国品质。

(2) 通过在 C 语言编程环境中对编程题的练习,培养学生一丝不苟的好习惯。

(3) 通过分析 C 语言常见错误,培养学生注重知识积累、自己动手解决问题的能力。

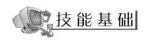技能基础

1.1　为什么要学习C语言

1.1.1　程序与程序设计语言

1. 计算机程序

自1946年世界上第一台电子计算机问世以来,计算机科学及其应用的发展十分迅猛,计算机被广泛地应用于人类生产、生活的各个领域,推动了社会的进步与发展。特别是随着国际互联网(Internet)日益深入千家万户,传统的信息收集、传输及交换方式正被革命性地改变,现在的工作已经难以摆脱对计算机的依赖,计算机已将人类带入了一个新的时代——信息时代。

有人以为计算机是"万能"的,会自动进行所有的工作,甚至觉得计算机神秘莫测,这是很多初学者的误解。其实,计算机的每一个操作都是根据人们事先设定的指令进行的。例如,用一条指令要求计算机进行一次加法运算,用另一条指令要求计算机将某一运算结果输出到显示屏。为了使计算机执行一系列的操作,必须事先编好一条条指令,输入计算机中。

计算机程序(computer program)也称为软件(software),简称为程序(program),是一组指示计算机或其他具有信息处理能力的装置进行每一步动作的指令,通常用某种程序设计语言编写,运用于某种目标体系结构上。打个比方,一个程序就像一个用汉语(程序设计语言)写下的红烧肉菜谱(程序),用于指导懂汉语和烹饪手法的人(体系结构)来做这个菜。通常,计算机程序要经过编译和连接而成为一种人们不易看清而计算机可以解读的格式,然后运行。

2. 程序设计语言

语言是一个符号系统,用于描述客观世界,并将真实世界的对象及其关系符号化,用于帮助人们更好地认识和改造世界,并且便于人们之间的相互交流。在全球范围内,人类拥有数以千计的不同语言,如汉语、英语、俄语、法语、日语等。这些不同的语言,体现了不同的国家和民族对这个世界不同的认识方法、角度、深度和广度等。

人和计算机交流信息也需要解决语言问题。需要创造一种计算机和人都能识别的语言,这就是计算机语言。计算机中存在多种不同的程序设计语言,它们体现了在不同的抽象层次上对计算机这个客观世界的认识。计算机程序设计语言的发展,经历了从机器语言、汇编语言、高级语言到非过程化语言的历程。

(1) 机器语言。

机器语言依赖于所在的计算机系统,也称为面向机器的语言。由于不同的计算机系统使用的指令系统可能不同,因此使用机器语言编写的程序移植性较差。

机器语言是由二进制代码"0"和"1"组成的若干数字串。用机器语言编写的程序称为机器语言程序,它能够被计算机直接识别并执行。但是,程序员直接编写或维护机器语言程序是很难完成的。

（2）汇编语言。

汇编语言是一种借用助记符表示的程序设计语言，其每条指令都对应着一条机器语言代码。汇编语言也是面向机器的，即不同类型的计算机系统使用的汇编语言不同。用汇编语言编写的程序称为汇编语言程序，它不能由计算机直接识别和执行，必须由"汇编程序"翻译成机器语言程序，才能够在计算机上运行。这种"汇编程序"称为汇编语言的翻译程序。汇编语言适用于编写直接控制机器操作的底层程序。汇编语言与机器联系仍然比较紧密，但是都不容易应用。

（3）高级语言。

高级语言编写的程序易读、易修改、移植性好，更接近人类的自然语言，人们非常容易理解和掌握，它极大地提升了程序的开发效率和易维护性。但使用高级语言编写的程序不能直接在机器上运行，必须经过语言处理程序的转换，才能被计算机识别。

高级语言并不是特指某一种具体的语言，而是包括很多编程语言，如目前流行的 C、C++、Java、C♯、Python 等，这些语言的语法、命令格式都不相同。

高级语言与计算机的硬件结构及指令系统无关，它有更强的表达能力，可方便地表示数据的运算和程序的控制结构，能更好地描述各种算法，而且容易学习掌握。但高级语言编译生成的程序代码一般比用汇编语言设计的程序代码要长，执行的速度也慢。所以汇编语言适合编写一些对速度和代码长度要求高的程序和直接控制硬件的程序。高级语言、汇编语言和机器语言都是用于编写计算机程序的语言。

（4）非过程化语言。

非过程化语言编码时只需说明"做什么"，不需要描述算法细节。它面向应用，是为最终用户设计的一类程序设计语言。具有缩短应用开发过程、降低维护代价、最大限度地减少调试过程中出现的问题及对用户友好等特点。

数据库查询和应用程序生成器是非过程化语言的两个典型应用。用户可以用结构化查询语言（Structured Query Language，SQL）对数据库中的信息进行复杂的操作。用户只需将要查找的内容在什么地方、根据什么条件进行查找等信息告诉 SQL，SQL 将自动完成查找过程。应用程序生成器则是根据用户的需求"自动生成"满足需求的高级语言程序。真正的非过程化语言应该说还没有出现，目前大多是指基于某种语言环境的具有非过程化语言特征的软件工具产品。

3．程序开发过程

程序用于解决客观世界的问题，其开发要经历捕获问题、分析设计、编码实现、测试调试、运行维护 5 个主要阶段。

（1）捕获问题。

捕获问题也称为需求分析。此阶段的任务是深入掌握需要解决的问题是什么，有哪些要求，如性能上的、功能上的、安全性方面的要求等。问题如果比较复杂，正确认识问题本身并不是一件可以一蹴而就的事情，需要反复地迭代，不断地加深对问题本身的认识。

（2）分析设计。

明确需求后，就可以进行设计了，主要是确定程序所需的数据结构、核心的处理逻辑（即算法）、程序的整体架构（有哪些部分、各部分间的关联、整体的工作流程）。

（3）编码实现。

编码实现是用某种具体的程序设计语言,如 C 语言,来编程实现已经完成的设计。

（4）测试调试。

测试调试包括两方面,即测试和调试。当程序已经初步开发完成,可以运行时,为了找出其中可能出现的错误,使程序更加健壮,需要进行大量、反复的试运行,这一过程称为测试。需要注意的是,测试只能发现尽可能多的错误,而不能发现所有的错误,但测试越早、越充分,以后付出的代价就越小。调试是指为了程序运行达到理想目标,而进行的相关多种手段来定位错误,并修正错误的过程。

（5）运行维护。

当程序通过测试,达到各项设计指标的要求后,就可以获准投入运行。在运行的过程中,因可能出现的新的错误、新的需求变化(需要增加或更改程序的某些功能、需要增强程序在某些方面的性能等)而进行的补充开发和修正完善,称为维护。

程序开发的以上 5 个主要阶段,由软件团队中的不同角色——项目管理者、需求分析人员、系统架构师、设计人员、编码人员、测试人员和运行维护人员等来完成。学习程序设计者可以在上述各个阶段对应的角色中找到相应的工作机会。有趣的是,从事软件开发的人员由底层到高层的进步过程恰恰与程序开发过程相反:初始时往往从测试人员和运行维护人员做起,然后逐渐经历编码人员、设计人员,到系统架构师、需求分析人员,再到项目管理者的过程。

1.1.2　C 语言的发展历史与特点

1. C 语言的发展历史

C 语言诞生于美国的贝尔实验室,由丹尼斯·里奇(D. M. Ritchie)以 B 语言(Basic Combined Programming Language,BCPL)为基础发展而来,在它的主体设计完成后,肯·汤普森(Ken Thompson)和 Ritchie 用它完全重写了 UNIX,且随着 UNIX 的发展,C 语言也得到了不断完善。为了利于 C 语言的全面推广,许多专家学者和硬件厂商联合组成了 C 语言标准委员会,并在 1989 年,诞生了第一个完备的 C 标准,简称 C89,也就是 ANSI C。截至 2020 年,最新的 C 语言标准为 2017 年发布的 C17。

C 语言的设计目标是提供一种能以简易的方式编译、处理低级存储器、仅产生少量的机器码以及不需要任何运行环境支持便能运行的编程语言。C 语言描述问题比汇编语言迅速,工作量小,可读性好,易于调试、修改和移植,而代码质量与汇编语言相当。C 语言一般只比汇编语言代码生成的目标程序效率低 10%~20%。因此,C 语言可以编写系统软件。

当前阶段,在编程领域中,C 语言的运用非常多,C 语言同时具备低级语言和高级语言的优点,所以有人说它是中级语言。计算机系统设计以及嵌入式软件开发很多都是用 C 语言编写的,如 UNIX 操作系统、早期的 Oracle 系统、嵌入式设备开发等。因此,自面世以来 C 语言备受广大程序员的青睐,并流行至今。

LOOK 名师点睛

以前的操作系统等系统软件主要是用汇编语言编写的。由于汇编语言依赖于计算机硬件,程序的可读性和可移植性都比较差,因此要想提高可读性和可移植性,最好采用高级语言。但一般的高级语言难以实现汇编语言的某些功能(汇编语言可以直接对硬件进行操作,如对内存地址的操作等),因此,人们希望找到一种既具有高级语言特征,又具有低级语言特征的语言,于是 C 语言就随之产生了。

2. C 语言的特点

一种语言之所以能存在和发展,并具有生命力,总是有些不同于(或优于)其他语言的特点。与其他语言相比,C 语言具有以下 5 个主要特点。

(1) C 语言简洁、灵活。

C 语言是现有程序设计语言中规模最小的语言之一。C 语言只有 37 个关键字、9 种控制语句,压缩了一切不必要的成分。C 语言表达方法简洁,使用一些简单的方法就可以构造出相当复杂的数据类型和程序结构。

C 语言程序书写格式与变量的类型使用都很灵活,如整型数据、字符型数据和逻辑型数据可以通用。

(2) C 语言是高、低级兼容语言。

C 语言又称为中级语言,它介于高级语言和低级语言之间,既具有高级语言面向用户、可读性强、容易编程和维护等优点,又具有汇编语言面向硬件和系统并可以直接访问硬件的功能。

(3) C 语言是一种结构化的程序设计语言。

结构化语言的显著特点是程序与数据独立,从而使程序更通用。这种结构化方式可使程序层次清晰,便于调试、维护和使用。

(4) C 语言是一种模块化的程序设计语言。

所谓模块化,是指将一个大的程序按功能分割成一些模块,使每个模块都成为功能单一、结构清晰、容易理解的函数,适合大型软件的研制和调试。

(5) C 语言可移植性强。

可移植性是指程序可以从一个环境下不加修改或稍加修改就可移到另一个完全不同的环境下运行。想跨越平台来执行 C 语言,通常只要修改极少部分的程序代码,再重新编译即可执行。据统计,不同机器上的 C 编译程序中 80% 的代码是相同的。

1.2 C 语言程序设计概述

1.2.1 C 语言程序设计入门

学习一门新的程序设计语言时,入门很重要。而快速入门 C 语言程序设计的四要素是:认识一个简单的 C 程序源代码;掌握该语言中如何实现数据的基本输入和输出操作;掌握 C 语言程序的基本结构特征;掌握 C 程序的开发过程。只要这些基本功打好了,后面学起来就得心应手。

1. 认识 C 程序

由于读者刚开始接触 C 语言,在这里先不长篇论述 C 程序的全部组成部分,只介绍

C程序的基本组成部分。会写简单的C程序之后,通过后面章节的学习再逐步深入掌握C程序的完整结构。下面以一个简单的例子说明C程序的基本结构。

【例1-1】　在屏幕上显示"Hello,World"的信息。

```
# include < stdio.h >              /* 编译预处理命令 */
int main()                         /* main()函数的函数头 */
{                                  /* 函数体的开始标记 */
    printf("Hello,World");         /* 输出引号中的内容到计算机屏幕 */
    return 0;                      /* 程序返回值0 */
}                                  /* 函数体的结束标记 */
```

运行结果:

```
Hello,World
```

程序说明:程序运行后输出"Hello,World","请按任意键继续"是任何一个C程序在编译环境下运行都会自动输出的一行信息,当用户按任意键后,屏幕上不再显示运行结果,返回程序主界面。通过观察,发现C程序由下面这样的框架构成:

```
int main()                         /* main()函数的函数头 */
{                                  /* 函数体的开始标记 */
    …                              /* 输出引号中的内容到计算机屏幕 */
    return 0;                      /* 程序返回值0 */
}                                  /* 函数体的结束标记 */
```

名师点睛

程序运行界面默认情况下显示的是黑底白字,为了美观可以进行设置。方法如下:

(1)右击程序运行结果窗口的标题栏,在弹出的快捷菜单中选择"属性"选项,如图1-1所示。

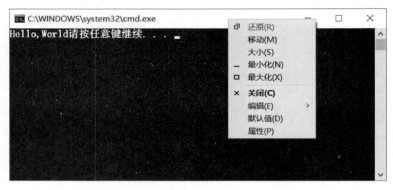

图1-1　快捷菜单界面

(2)这时会弹出属性对话框,在属性对话框中选择"颜色"选项卡,在这里可以根据需求设置"屏幕文字"和"屏幕背景"的颜色,如图1-2所示。

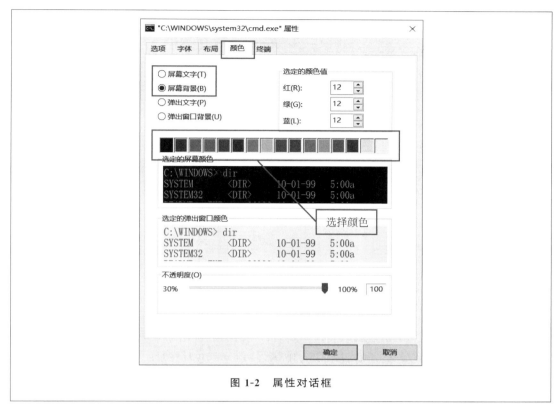

图 1-2 属性对话框

该框架称为主函数或 main()函数,其中,int 是整型的标识符,是 main()函数的返回值类型,此处是为说明 main()函数返回值是整数的意思,具体意义和用法后面再阐述。main为函数名,小括号里一般由参数(main()函数一般没有参数)组成,大括号内为函数体。函数体由 C 语句(程序指令)或函数组成,关于 C 语句后面会逐步学习。main()函数是 C 语言本身的函数库已定义好的标准函数,C 编译器能对它进行正确编译,不会存在不认识的情况。至此,也许你心生疑惑——是否所有的 C 程序都必须有 main()函数呢?答案是肯定的,一个 C 程序必须有一个 main()函数,否则,程序将无法运行。

函数体中的 printf()函数事实上也是标准函数,它的功能是在计算机显示器上输出信息,类似的还有输入函数 scanf(),读者可以先将这两个函数记牢,今后编程一般都要用到。printf()函数的具体内容包含在 C 语言的函数库头文件 stdio.h 中。C 语言的创造者为了方便用户,把一些常用的功能函数的形式做好,用户在开发应用程序时,若用得上该功能函数,可通过包含头文件的形式调用,这将大大提高开发效率。所有标准功能的函数都存在于相应的头文件中。C 语言中,有关输入输出的标准函数都包含在头文件 stdio.h 中,使用这些功能函数时,一般要在程序开头加上♯include<stdio.h>或♯include"stdio.h"。"return 0;"的作用是当 main()函数执行结束前将整数 0 作为函数值,返回到调用函数处。

在程序各行的右侧都可以看到一段关于这行代码的文字描述(用/* */括起来),称为代码注释。其作用是对代码进行解释说明,为日后自己阅读或者他人阅读源程序时方便理解程序代码的含义和程序设计的思路。

名师点睛

C语言允许用两种注释方式。

(1)以//开始的单行注释。这种注释可以单独占一行,也可以出现在一行中其他内容的右侧。此种注释的范围从//开始,以换行符结束,即这种注释不能换行。若注释内容一行内写不下,可以用多个单行注释。例如:

printf("Hello,World");	//输出引号中的 //内容到计算机屏幕

(2)以/*开始,以*/结束的块式注释。这种注释可以单独占一行,也可以包含多行。编译系统在发现一个/*后,会开始找注释结束符*/,把二者间的内容作为注释,如例1-1中的注释。

2. C语言程序结构的特点

一个C语言程序结构主要有以下9个特点。

(1)C程序是由函数构成的,函数是C程序的基本单位。任何一个C语言源程序必须包含一个且仅包含一个main()函数,可以包含零个或多个其他函数。

(2)一个C程序总是从main()函数开始执行,到main()函数结束,与main()函数所处的位置无关(main()函数可以位于程序的开始位置,也可以位于程序的末尾,还可以位于一些自定义函数的中间)。

(3)一个函数由两部分组成:函数头和函数体。函数头如例1-1中的int main()函数。函数体为函数头下面大括号{}内的部分。若一个函数内有多个大括号,则最外层的一对大括号{}为函数体的范围。

(4)C程序中,每个语句和数据定义的最后必须有一个分号。分号是C语句的必要组成部分,必不可少。但是预处理命令、函数头和函数体的界定符"{"和"}"之后不能加分号。例如,#include<stdio.h>编译预处理命令包含要使用的文件,后面不能加分号。

(5)标识符、关键字之间必须至少加一个空格以示分隔。若已有明显的分隔符,也可以不加空格。

(6)可以用/*和*/或//对C程序中的任何部分做注释。

(7)C语言严格区分大小写。C语言对大小写非常敏感,如认为main、MAIN、Main是不同的。在C语言中,常用小写字母表示变量名、函数名等,而用大写字母表示符号常量等。

(8)C语言本身没有输入输出语句,输入输出是由函数完成的。

(9)一个好的、有使用价值的C语言程序都应当加上必要的注释,以增加程序的可读性。

1.2.2　C语言程序的编码规范

孟子曰:"不以规矩,不能成方圆。"同样,在使用C语言编写代码时,也必须遵守一定的编码规范。这样既可以增加代码的可读性,也可以发现隐藏的问题(bug),提高代码性能,对代码的理解与维护起到至关重要的作用。具体有5方面。

(1)函数体中的大括号用来表示程序的结构层次。需要注意的是,左右大括号要成对使用。

（2）在程序中，可以使用英文的大写字母，也可以使用小写字母。但要注意的是，大写字母和小写字母代表不同的字符，如'a'和'A'是两个完全不同的字符。

（3）在程序中的空格、空行、跳格并不会影响程序的执行。合理地使用这些空格、空行，可以使编写出来的程序更加规范，有助于日后的阅读和整理。

（4）C 语言程序书写风格自由，一行内可以写多条语句，一条语句可以分写在多行上。但为了有良好的编程风格，最好将一条语句写在一行。

（5）代码缩进统一为 4 个字符。建议不使用空格，而用 Tab 键。

1.2.3　C 语言程序的开发步骤

学习 C 语言就是学习编程的过程。C 语言程序的开发从确定任务到得到结果一般要经历 7 个步骤。

1. 需求分析

需求分析是指对要解决的问题进行详细的分析，弄清楚问题的要求，包括需要输入什么数据，要得到什么结果，最后应输出什么等。这个过程好比是考试时候的审题，一定要领会题目的要求，如若不然解题过程再漂亮也是无济于事的。

2. 算法设计

算法设计是指对要解决的问题设计出解决问题的方法和具体步骤。例如，要求解 1～100 的累加问题，首先要选择用什么方法求解；然后把求解的每一步清晰地描述出来。

3. 编写程序

编写程序是指把算法设计的结果变成一行行代码，输入程序编译器中，然后将此源程序以文件形式保存到自己指定的文件夹内。文件用.c 作为扩展名。

4. 编译程序

编译程序需要利用编译器把送入的源程序翻译成机器语言，也就是编译器对源程序进行语法检查并将符合语法规则的源程序语句翻译成计算机能识别的语言。如果编译器检查发现有语法错误，就必须修改源程序中的语法错误，然后再编译，直至没有语法错误为止。这时，会在源程序所在的目录中自动生成一个目标文件（其扩展名为.obj 或.o）。

> **LOOK 名师点睛**
>
> 编译程序时显示的错误信息是寻找错误原因的重要信息来源，读者要学会看这些错误信息，每次碰到错误并且最终解决了错误时，要记录错误信息以及相应的解决方法，这样以后再看到类似的提示信息就能够熟练看出是源程序哪里出现了问题，从而提高程序调试效率。

5. 连接程序

经过编译得到的目标文件还不能供计算机直接执行。一个程序可能包含若干源程序文件，而编译是以源程序文件为对象的，一次编译只能得到一个与源程序文件相对应的目标文件，所以必须把所有的目标文件连接装配起来，再与函数库相连接，生成一个可供计算机直接执行的文件,该文件称为可执行文件(其扩展名为.exe)。

> **名师点睛**
>
> (1) 即使一个程序只包含一个源程序文件,编译后得到的目标文件也不能直接运行,也需要经过连接阶段,这是因为只有与函数库进行连接,才能生成可执行文件。
>
> (2) 在连接过程中,一般不会出现连接错误,如果出现了连接错误,说明源程序中存在子程序调用混乱或参数传递错误等问题。这时需要对源程序进行修改,再进行编译和连接,如此反复进行,直至没有连接错误为止。

6. 运行程序

运行可执行文件,得到运行结果并不能说明程序是正确的,要对运行结果进行分析,分析其是否合理。而且不能只看到某一次结果正确,就认为程序没有问题,需要多设计几组数据,检查程序对不同数据的运行情况。如果发现某一组的运行结果与预期结果不同,就表明计算机的程序存在有逻辑错误,此时就需要重新去修改源程序直至没有错误为止。

> **名师点睛**
>
> (1) 程序调试是指将编写的程序投入实际运行前,通过编译或运行程序等方法对程序进行测试,以修正程序语法错误和逻辑错误的过程。
>
> (2) 查找逻辑错误时,如果程序不大,可以用人工方法模拟计算机对源程序的执行过程,分析出逻辑错误,并对错误进行修改处理;如果程序比较大,人工模拟显然行不通,这时可通过单步执行程序,一步步跟踪程序的运行。一旦找到问题所在,可修改源程序并重新编译、连接和执行程序,直至程序无逻辑错误为止。

7. 编写程序文档

如同正式的产品都有产品说明书一样,正式提供给用户使用的程序,也必须向用户提供程序说明书。程序说明书也称为用户文档,应包含程序名称、程序功能、运行环境、程序的装入和启动、需要输入的数据,以及使用注意事项等内容。

1.2.4　C 语言集成开发环境

1. C 语言编译器

计算机高级语言非常便于人们编写、阅读、交流和维护。机器语言则能够让计算机直接解读、运行。一个用高级语言编写的程序要能够被计算机执行,必须经过翻译过程,这个翻译过程有解释型和编译型两种类型。C 语言的翻译过程属于编译型,实现这个过程的程序称为编译器。直观来讲,编译就是将用高级语言编写的源程序翻译为与之等价的用低级语言描述的目标程序的过程。

目前广泛使用的 C 语言编译器有以下 4 种。

(1) GCC(GNU Compiler Collection,GNU 编译器套件):GNU(GNU's Not UNIX,GNU 并非 UNIX)组织开发的开源免费的编译器。

（2）MinGW(Minimalist GNU for Windows，Windows 的极简 GNU)：Windows 操作系统下的 GCC。

（3）Clang：开源的 BSD(Berkeley Software Distribution，伯克利软件套件)协议的基于 LLVM(Low Level Visual Machine，底层虚拟机)编译器。

（4）Cl.exe：Microsoft Visual C++自带的编译器。

2．C 语言集成开发环境

集成开发环境(Integrated Development Environment，IDE)是用于提供程序开发环境的应用程序，一般包括代码编辑器、编译器、调试器和图形用户界面等工具，集成了代码编写功能、分析功能、编译功能、调试功能等的一体化开发软件服务套件。所有具备这一特性的软件或者软件套(组)都可以叫集成开发环境。目前广泛使用的 C 语言的集成开发环境主要有以下 4 种。

（1）Code::Blocks：开源免费的 C/C++集成开发环境。

（2）CodeLite：开源、跨平台的 C/C++集成开发环境。

（3）Dev-C++：可移植的 C/C++集成开发环境。

（4）Visual Studio 系列。

俗话说"工欲善其事必先利其器"，要将一件事情做好，先要了解制作工具。Visual Studio 2010 的具体操作步骤，请参考二维码。

1.3　C 语言常见错误分析

1.3.1　语句后少分号

分号是 C 语言语句的重要组成部分，每条语句及数据定义末尾必须有分号。很多初学者在编写程序时很容易漏写。

【例 1-2】　语句缺少分号结尾。

```c
# include < stdio.h>
int main()
{
    printf("Hello,World")              /*语句后少了分号*/
    return 0;
}
```

编译报错信息如图 1-3 所示。

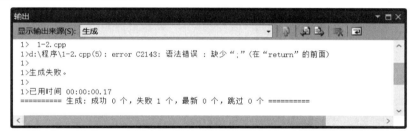

图 1-3　缺少分号的编译报错信息

错误分析：程序在编译时，编译器在 printf("Hello,World")语句后没有发现分号，会接着检查下一行是否有分号，编译器会认为 return 0 是上一行语句的一部分，直到分号结束，所以提示有错误。

名师点晴

在调试程序时，如果在编译器指出有错的行中找不到错误，应该在该行的上下行中检查。

1.3.2　语句中出现中文字符

C语言语句中只识别英文字符(提示信息和注释信息除外)，中文字符无法编译。

【例 1-3】　使用中文双引号。

```
# include < stdio.h >
int main()
{
    printf("Hello,World");              /* 使用了中文双引号 */
    return 0;
}
```

编译报错信息如图 1-4 所示。

图 1-4　使用中文字符的编译报错信息

错误分析：此程序之所以出现错误，是因为 printf()函数中使用了中文双引号。类似于"未声明的标识符"这类错误，在编译时发现了编译器无法处理的字符，这时候就要考虑是否使用了中文标点符号。

1.3.3　大括号不成对出现

C语言的函数体中，左右大括号要成对使用。初学者在编写程序时很容易忘掉右边的大括号。

【例 1-4】　缺少右大括号。

```
# include < stdio.h >
int main()
{
    printf("Hello,World");
    return 0;                          /* 缺少右大括号 */
```

编译报错信息如图 1-5 所示。

错误分析：错误提示"与左侧的大括号匹配之前遇到文件结束"这类错误时，就要考虑

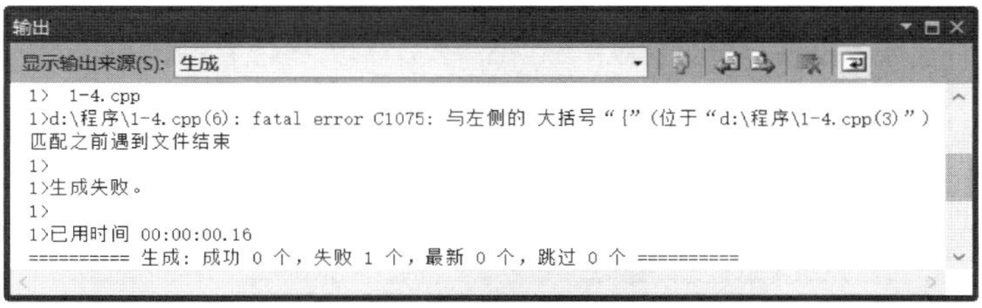

图 1-5　缺少右大括号的编译报错信息

是否漏掉了大括号。

1.3.4　main()函数首字母大写

C 语言严格区分大小写字母，C 程序中多用小写字母，较少用大写字母。

【例 1-5】　main()函数首字母大写。

```
#include<stdio.h>
int Main()                  /*main()函数首字母大写*/
{
    printf("Hello,World");
    return 0;
}
```

编译报错信息如图 1-6 所示。

图 1-6　main()函数首字母大写的编译报错信息

错误分析：一般来说，当出现"无法解析的外部符号_main"这类错误时，就要考虑是 main()函数首字母大写。

1.3.5　标识符、关键字之间缺少空格

C 语言中标识符、关键字之间必须至少加一个空格，以示分隔。

【例 1-6】　关键字之间缺少空格。

```
#include<stdio.h>
intmain()                   /*关键字之间缺少空格*/
{
    printf("Hello,World");
    return 0;
}
```

编译报错信息如图 1-7 所示。

图 1-7 关键字之间缺少空格的编译报错信息

错误分析：一般来说，当出现"缺少类型说明符－假定为 int"这类错误时，要考虑是否是标识符、关键字之间缺少空格。

1.3.6 程序连接出错

一般情况下，程序编译完成后如果没有错误，在连接程序时就很少发生错误了，除非是调用函数出了问题。

【例 1-7】 printf()函数名称错误。

```
# include < stdio.h >
int main()
{
    print ("Hello,World");                /* printf()函数名称错误 */
    return 0;
}
```

编译报错信息如图 1-8 所示。

图 1-8 函数名称报错信息

错误分析：一般来说，当出现"'print'：找不到标识符"报错信息，表示编译器遇到无法解析的外部符号 print。当遇到这类错误时通常需要检查函数名是否有误。

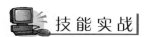技 能 实 战

视频讲解

1.4 C语言程序编译调试环境应用实战

1.4.1 实战背景

软件产业作为信息产业的核心和国民经济信息化的基础，越来越受到世界各国的高度重视。软件与人的信息交换是通过软件界面来进行的，界面是软件与用户交互的最直接的接口，界面的好坏决定用户对软件的第一印象，所以软件界面的易用性和美观性就变得非常

重要,设计良好的界面能够引导用户自己完成相应的操作,起到向导的作用。

1.4.2　实战目的

(1) 掌握 Visual Studio 2010 环境下 C 程序的编译方法。
(2) 加深对 C 程序的理解。

1.4.3　实战内容

编写 C 语言程序,在 Visual Studio 2010 环境下编译运行,显示"欢迎使用电影点播系统"界面。

1.4.4　实战过程

```c
# include < stdio. h >
int main()
{
    printf(" ==================================== \n");
    printf("   欢迎使用电影点播系统\n");
    printf("   ******    1.海洋天堂       ****** \n");
    printf("   ******    2.跳舞吧!大象     **** \n");
    printf("   ******    3.黄大年         ****** \n");
    printf("   ******    4.钱学森         ****** \n");
    printf("   ******    5.战狼           ****** \n");
    printf("   ******    6.百万雄师下江南 ****** \n");
    printf(" ==================================== \n");
    printf("请选择电影(1-6)\n");
    return 0;
}
```

技能实战运行结果如图 1-9 所示。

图 1-9　技能实战运行结果

1.4.5　实战意义

通过实战,巩固 C 语言程序源代码的编辑、运行方法,也为程序中输入、显示汉字和符号提供了条件,为今后学习 C 语言夯实基础。

顺序结构程序设计

CHAPTER **2**

案例导读

脉络导图

```
                    学习目标 ──┬── 技能目标
                              └── 素质目标

                                          ┌── 2.1.1 概述
                    2.1 C语言的基本数据类型 ──┼── 2.1.2 基本数据类型
                                          └── 2.1.3 基本类型修饰符及其转换

                    2.2 基本数据的输入与输出 ──┬── 2.2.1 格式输入输出函数
                                          └── 2.2.2 字符数据专用输入输出函数

                                          ┌── 2.3.1 算术运算符与算术表达式
          技能基础 ──  2.3 运算符和表达式 ──┼── 2.3.2 赋值运算与赋值表达式
顺序结构程序设计 ──                          ├── 2.3.3 关系运算与逻辑运算
                                          └── 2.3.4 逗号运算与条件运算

                    2.4 C语言语句分类

                                          ┌── 2.5.1 标识符命名错误
                    2.5 常见错误分析 ──────┼── 2.5.2 变量定义错误
                                          ├── 2.5.3 字符变量赋值错误
                                          └── 2.5.4 运算时错用数据类型

                                          ┌── 2.6.1 实战背景
                                          ├── 2.6.2 实战目的
          技能实战 ──  2.6 字符串加密应用实战 ──┼── 2.6.3 实战内容
                                          ├── 2.6.4 实战过程
                                          └── 2.6.5 实战意义
```

学习目标

技能目标：

（1）具有程序开发流程中的提出问题、分析问题和解决问题的能力。

（2）能灵活正确运用数据类型、运算符、表达式及标识符解决简单的实际问题。

（3）编写程序力求代码简单、规范，程序运行界面友好。

素质目标：

（1）通过整型数据的溢出，培养学生做任何事情都要有度，即情感和理智都要控制在平衡状态，不能过犹不及。

（2）通过学习标识符的命名规则，引导学生做人做事需要遵守规则，遵守国家法律法规，做一个守法的好公民。

（3）通过学习表达式，引导学生深谙大和小的辩证关系、大和小的智慧。

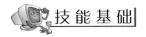技 能 基 础

2.1　C语言的基本数据类型

2.1.1　概述

1．C语言数据类型简介

现实生活中的万事万物都可根据需要抽象为数据,也正是因为有了数据,所以计算机才有了处理对象,这样才能解决实际问题。但是,初学者往往只把数据局限到数学中的"数字"上,其实这是非常不全面的。随着计算机知识的深入学习,便会知道数据不只包括数字,还包括声音、图像、文字等抽象信息。既然数据如此重要,那么就要对数据的类型、数据的运算方法及数据的组合方式有一个全面的了解,只有如此,才能用这些基本的元素构建程序。当然,在此提到的"数据运算"也并非等效于数学中的"数据运算",主要是指对数据的处理。

计算机的基本功能是进行数据处理(不仅仅是数值计算),但是这种处理必须借助于程序的执行。数据是程序的必要组成部分,一种计算机语言提供的数据类型越丰富,它的应用范围就越广。C语言提供的基本数据类型比较丰富,它不仅能表达基本数据类型(如整型、实型、字符型),还提供了数组、结构体、共用体、枚举和指针等数据类型,使程序员可以利用这些数据类型组织一些复杂的数据结构(链表、树、图等)。C语言的数据类型如图 2-1所示。

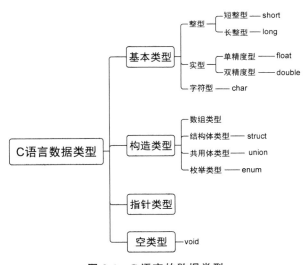

图 2-1　C语言的数据类型

2．C语言的词法记号

C语言是一种程序设计语言,由C语言编写的程序是由各种不同的词法记号构成的。词法记号是指程序中具有独立含义的不可进一步分割的单位。具体地说,C语言的词法记号可分为关键字、标识符、常量、运算符和分隔符 5 类。

【例 2-1】 C语言简单例子。

```
#include<stdio.h>              /*编译预处理指令*/
int main()                     /*main()函数的函数头*/
{                              /*函数体开始标记*/
    int a,b,sum;               /*定义3个整型变量*/
    printf("Enter two numbers:");   /*提示输入2个数*/
    scanf("%d%d",&a,&b);       /*程序运行时,分别输入a,b整数值*/
    sum=a+b+6;                 /*计算a+b+6的值,将结果赋值给sum*/
    printf("The sum is %d\n",sum);  /*输出结果sum的值*/
    return 0;                  /*程序返回值0*/
}                              /*函数体的结束标记*/
```

运行结果:

```
Enter two numbers: 2 3
The sum is11
```

程序说明:该程序由不同的词法单位组成,int是关键字,sum是标识符,6是数字常量,"Enter two numbers:"是字符串常量,"+"是运算符。

(1) 关键字。

关键字是C语言中预定义的符号,它们有固定的含义,用户定义的任何名称都不得与关键字冲突。C语言的关键字共有32个,根据关键字的作用可分为数据类型关键字、控制语句关键字、存储类型关键字和其他关键字4类。

① 数据类型关键字(12个):char、double、enum、float、int、long、short、signed、struct、union、unsigned、void。

② 控制语句关键字(12个):break、case、continue、default、do、else、for、goto、if、return、switch、while。

③ 存储类型关键字(4个):auto、extern、register、static。

④ 其他关键字(4个):const、sizeof、typedef、volatile。

(2) 标识符。

标识符(identifier)是指用来标识某个实体的一个符号,在不同的应用环境下有不同的含义。在计算机编程语言中,标识符是用户编程时使用的名字,用于给变量、常量、函数、语句块等命名,以建立起名称与使用之间的关系。在C语言中,标识符应遵循以下命名规则。

① 标识符只能由字母、下画线、数字组成,且第一个字符必须是字母或下画线,不能是数字。例如,str、_str1、str_2都是合法的标识符,2str、2_str1、&456、-L2都是不合法的标识符。

② 标识符区分英文字母大小写。例如,score和Score是两个不同的标识符。

③ 用户不能采用C语言已有的32个关键字作为同名的用户标识符。例如,int是C语言保留的关键字。

名师点睛

(1) 应尽量使标识符具备相应的意义,使其可以"见名知意",从而提高程序的可读性。例如,若要定义求和变量时,建议变量名为sum(在英语中sum有求和之意,而且较短,容易记忆)。

（2）在 C 程序中，只能使用英文字母（大写或小写）、数字以及一些英文特殊符号（如！、#、&、%、，、|等）。在程序注释及字符串常量中，可以使用任意字符，包括汉字及中文标点。

（3）分隔符。

分隔符用于分隔各种词法记号，常用的分隔符如下：

〔〕　〔〕　（）　*　.　=　:　#

3．常量和变量

（1）常量。

常量（constant）是指在程序运行过程中，其值不能改变的量。常量包括整型常量、实型常量、字符常量、字符串常量和符号常量。例如，2 是整型常量、3.14 是实型常量、'a'是字符常量、"hello,world"是字符串常量。符号常量定义的一般格式如下：

#define　符号常量标识符　数值

例如，#define PI 3.14 定义符号常量标识符 PI，值为 3.14。

LOOK 名师点睛

常量可用宏定义命令#define 来定义一个常量的标识，且一旦定义后，该标识将永久性代表此常量，常量标识符一般用大写字母表示。用宏定义命令定义常量的目的是便于在大型程序中反复使用某一数值，这样会带来很多方便。

【例 2-2】　定义符号常量，并输出结果。

```
#include< stdio.h>
#define PI 3.1415926            /*实型常量*/
#define LENGTH 100              /*整型常量*/
#define Q 'Q'                   /*字符型常量*/
#define QUIT "Quit"             /*字符串*/
int main()
{
    printf(" % f\n",PI);         /*输出实型常量*/
    printf(" % d\n",LENGTH);     /*输出整型常量*/
    printf(" % c\n",Q);          /*输出字符型常量*/
    printf(" % s\n",QUIT);       /*输出字符串型常量*/
    return 0;
}
```

运行结果：

```
3.141593
100
Q
Quit
```

（2）变量。

变量（variable）是指程序在运行过程中其值可以改变的量。可以将变量看成容器，一个变量里面可以存储一个对应类型的常量。值得注意的是,变量任何时刻都只有一个值,对它赋予新值时就覆盖了它原来的值。变量的命名规则同标识符的命名规则一样,因为变量名本身就属于标识符的范畴。

由于计算机中不同的数据类型所分配的内存单元不同,因此C语言中的变量在使用之前必须先定义(也称为变量声明),否则系统将无法为变量分配合适的内存单元。变量定义的一般格式如下:

类型　　变量名1,变量名2,…;

例如:

int i,j,t; float a,b,c;

(3) 变量的初始化。

变量的初始化是指给变量赋初值。在定义/声明一个变量时,系统将自动地根据变量类型分配合适的内存单元。但是当变量初始值没有被指定时,系统将自动在其存储单元中放入一个随机(任意、不确定的)的值,所以一般来说,变量需要预置一个值,也就是所谓的赋值。赋值操作通过赋值符号"="把其右边的值赋给左边的变量。变量赋值的一般格式如下:

变量名 = 数值/表达式;

例如:

a = 10; x = 3 * 4 + 2.5;

LOOK 名师点睛

(1) 允许变量在定义的同时,进行初始化。例如"int a＝3,b＝4,c＝5;"。

(2) C语言中的"="符号是赋值运算符,不是"比较等",也就是说完全不同于数学中(如3＋4＋5＝12中的)"="的意义。

(3) 赋值运算符"="左边必须是变量,不能是常量或常数,否则是错误的。例如"int 3＝a,4＝b,5＝c;"。

(4) 初始化语句"int a＝b＝c＝3;"是错误的,编译器会显示变量b、变量c是未定义类型的错误。

(5) 变量在赋值前已经被定义类型,否则,程序是无法通过编译的,即变量必须先定义后使用。

2.1.2　基本数据类型

在C语言中,为解决具体问题,要采用各种类型的数据。数据的类型不同,它所表达的数据范围、精度和所占据的存储空间也不相同。C语言提供的基本数据类型如表 2-1 所示。

表 2-1　C 语言提供的基本数据类型

类　　型	名　　称	字节数	取 值 范 围	类型定义实例
int	整型	2 字节	$-32\,768 \sim 32\,767$	int a,b;
float	单精度实型	4 字节	$-3.4 \times 10^{-38} \sim 3.4 \times 10^{38}$,6 位精度	float x,y;
double	双精度实型	8 字节	$-1.7 \times 10^{-308} \sim 1.7 \times 10^{308}$,16 位精度	double a,b;
char	字符型	1 字节	$-128 \sim 127$	char a,b;

变量的类型决定了它可以存放的数据范围,所以在处理数据时,一定要考虑清楚数据的特征和范围,再确定使用何种类型变量存放数据。例如,32 768 就不能赋值给一个 int 型变量,否则,就会出现溢出错误。

1. 整型数据类型

整型(int)数据分为整型常量和整型变量。

(1) 整型常量。

在 C 语言中,整型常量有 3 种表示形式,在具体应用中,往往根据需要进行选用。

① 十进制整数:由数字 0~9 和正负号表示。例如,1977、980、−3、0。

② 八进制整数:由数字 0 开头,后跟数字 0~7 表示。例如,0456、0661、011。

③ 十六进制整数:由 0x 或 0X 开头,后跟 0~9、a~f、A~F 表示。例如,0x128、0Xcd。

(2) 整型变量。

整型变量的基本类型符为 int,要使变量成为整型,必须将其定义为整型。

【例 2-3】　定义变量 a、变量 b 为整型,并输出其值。

```
#include<stdio.h>
int main()
{
    int a,b=3;                    /* 定义整型变量 a,b,并给变量 b 赋初值 3 */
    a=2;
    printf("%d%d",a,b);
    return 0;
}
```

运行结果:

23

名师点睛

　整型数据输出的格式控制符为"%d",有一个输出变量就应该有一个格式控制符与之对应。

2. 实型数据类型

实型也称为浮点型。实型数据分为两类:一类是浮点单精度实型,用 float 类型标识符表示;另一类是双精度实型,用 double 类型标识符表示。

(1) 实型常量。

实型常量也称为浮点型常量、实数或浮点数。在 C 语言中,实数只采用十进制格式,它由小数点和数字组成,读者也许会认为这与数学中的表示相同,实际上是有区别的。在 C 语言中,实数的小数点前允许没有数字,它有两种表示形式。

① 十进制数形式(必须有小数点)。例如,0.12、.789、123.0、0.0。

② 指数形式。指数形式类似数学中的科学记数法,用 e 或 E 代替数学中的 10,但是在 C 语言中 e 或 E 之前必须有数字,指数必须为整数。例如,123e3、−14、76.3E2、1.3e+2、1.9e−3 都是合法的形式,而 1.23e0.7、e3、−42E1/2 都是不合法的形式。

(2) 实型变量。

实型变量分为单精度(float)类型和双精度(double)类型,变量使用之前,一定要先定义类型。

【例 2-4】 单精度和双精度实型变量的应用。

```
# include<stdio.h>
int main()
{
    float a,b;                 /* 定义单精度变量 a,b */
    double c,d;                /* 定义双精度变量 c,d */
    a = b = 3.7;               /* 变量 a,b 均赋值为 3.7 */
    c = 127869288.225;         /* 变量 c 赋值为 127869288.225 */
    d = a + c;                 /* a+c 的结果赋值给变量 d */
    printf("%f %f",a,d);       /* 分别输出变量 a,d 的值 */
    return 0;
}
```

运行结果:

```
3.700000 127869291.9295000
```

名师点睛

(1) float 类型数据只有 6 位精度,double 类型数据有 16 位精度。

(2) 不管是单精度还是双精度,其输出格式均为"%f"。

(3) 在 C 语言中,不管是单精度还是双精度实数,输出时小数点后默认保留 6 位小数。

3. 字符型数据类型

1) 字符型常量

字符(char)型常量是指用一对单引号括起来的一个字符。字符常量中的单引号只起定界作用并不表示字符本身。例如,'a'、'F'、'8'、'→'。字符常量在计算机内存储时,并不是按其原貌存储的,实际上存放的是该字符的 ASCII 码值(即一个整数)、占 1 字节的单元空间。例如,字符'a'的值是 97,字符'A'的值是 65。计算机要输出字符常量时,自动地将 ASCII 码值转换为其所对应的字符输出。因此,字符型和整型的关系非常密切,也可把字符型看作一种特殊的整型。事实上,字符型数据和整型数据经常会混合使用。

名师点睛

(1) 字符常量只包括一个字符。例如,'AB'是不合法的,因为有两个字符。

(2) 字符常量区分大小写字母。例如,'a'与'A'是两个不同的字符常量。

转义字符是一类特殊形式的字符常量,以'\'开头。例如,'\n'代表一个"换行"符。转义字符虽然包含两个或多个字符,但它只代表一个字符。编译系统在见到字符'\'时,会接着找它后面的字符,把它处理成一个字符,在内存中只占 1 字节。转义字符数目不多,而且每一个转义字符的功能是确定的,转义字符如表 2-2 所示。

表 2-2　转义字符

转义字符	含　义	转义字符	含　义
\n	换行	\b	退格
\v	竖向跳格	\f	换页符
\r	回车	\\	反斜线
\'	单引号	\0	空操作符
\"	双引号	\ddd	3 位八进制数代表的字符
\t	横向跳格(Tab)	\xhh	2 位十六进制数代表的字符
\?	问号		

通过查 ASCII 码表及对转义字符的理解,可以知道转义字符'\101'实际上是 ASCII 码值为 65 的'A',其中 101 是八进制数。

名师点睛

（1）8 与'8'不相同,8 是整数,'8'是字符常量,其值为 56,远远大于 8。

（2）c 与'c'不相同,c 是标识符,可看作变量,其值由所赋的值决定。

2）字符型变量

字符型变量主要是为了存储字符常量,用类型符号 char 定义字符变量。字符常量是以 ASCII 码值的形式存储的,占 1 字节的内存单元。字符变量的定义一般格式如下。

```
char  变量名;
```

【例 2-5】　字符型数据与整型数据赋值。

```
# include < stdio. h>
int main()
{
    char c1,c2;                       /* 定义字符变量 c1,c2 */
    int a;
    c1 = 'a',c2 = 98;                 /* 'a'赋值给 c1,98 赋值给 c2 */
    a = 'a';                          /* 'a'赋值给变量 a */
    printf("c1 = % c c2 = % c a = % d ",c1,c2,a);   /* 分别输出 c1,c2,a 的值 */
    return 0;
}
```

运行结果:

```
c1 = a c2 = b a = 97
```

程序说明:

（1）整型变量 a 是整数 97,最终也是以二进制的形式存储于内存中。这样,整型数据与字符型数据在内存中没有本质区别。

(2) 整型数据与字符型数据输出的形式取决于格式控制符。若以"%c"进行格式控制,则输出字符;若以"%d"进行格式控制,则输出整数。

4. 字符串常量

字符串(character string)常量是用双引号括起来的字符序列。例如,"CHINA"、"ab$"、"I love Zhejiang!"都属于字符串常量。字符串在存储时,每一个字符元素占1字节,但是整个字符串占用的内存单元等于字符串中字符元素的个数加1,因为字符串有一个结束标志'\0'要占1字节。例如,"CHINA"的存储情况如图 2-2 所示。

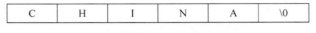

C	H	I	N	A	\0

图 2-2 字符串"CHINA"的存储情况

LOOK 名师点睛

(1) C 语言中没有专门的字符串变量,一般用字符数组来存放字符串。

(2) "a"是字符串常量,'a'是字符常量,它们所占的内存空间大小也不一样。

2.1.3 基本类型修饰符及其转换

1. 基本类型修饰符

对于基本类型,其前面还可以通过添加修饰符实现基本类型的"范围扩充"。类型修饰符可以改变基本类型的含义,以更加精确地适合特定环境的需要。C 语言提供的修饰符主要有 signed(有符号)、unsigned(无符号)、long(长整型)、short(短整型)。

以上修饰符均可修饰 int 基本类型,其中部分也可修饰 char 和 double 类型,关于修饰符的用法这里只研究它与 int 的搭配,其他用法也一样,如表 2-3 所示。有需要了解其他类型修饰符用法的读者可参阅相关 C 语言书籍。当类型修饰符独自使用时,则认为是修饰 int 型的。长整型常量的表示形式是在数值后加上字母 L 或 l。例如,45235L 表示长整型数据,长整型数据的输出格式为%ld。

表 2-3 ANSI 标准定义的整数类型

类　型	字　节　数	取　值　范　围
signed int	2 字节	−32 768～32 767
unsigned int	2 字节	0～65 535
signed short int	2 字节	−32 768～32 767
unsigned short int	2 字节	0～65 535
long int	4 字节	−2 147 483 648～2 147 483 647
unsigned long int	4 字节	0～4 294 967 295

2. 不同数据类型间的转换

在表达式中使用不同类型的常量及变量时,它们要转换为同一类型后才能运算。运算时,C 语言编译程序会把所有操作数转换为参加运算的操作数中表示范围最大的那种类型,称为类型提升。例如,a 是 int 型,b 是 long int 型,则表达式 10+a * b 的类型应该是 long int 型。所以,弄清楚不同类型的数据运算的结果类型是必要的。转换的方法有两种:一种是自动类型转换(隐式转换);另一种是强制类型转换(显式转换)。

(1) 自动类型转换。

自动类型转换是指不同类型数据进行混合运算时,编译系统会自动将数据转换为同一数据类型。转换规则是:

① 所有 char 和 short int 型将自动转换为 int 型。

② 若参加运算的数据有 float 型或 double 型,则转换为 double 型再运算,结果为 double 型。

③ 若运算的数据中无 float 型或 double 型,但有 long 型,数据自动转换为 long 型再运算,结果为 long 型。

一句话,转换时,所有数据都向该表达式中数据表示范围大的那种类型自动转换。

【例 2-6】　自动类型转换。

```
# include < stdio.h >
int main()
    {
    int a = 5;                      /* 定义整型变量 a */
    float b = 2.5;                  /* 定义单精度变量 b */
    char c = 'A';                   /* 定义字符变量 c */
    printf("% f\n", b + (a + c));   /* 输出 b + (a + c)的结果 */
    return 0;
}
```

运行结果:

```
72.500000
```

程序说明:'A'对应的 ASCII 码值为 65,计算 a+c 时首先将 char 型转换为 int 型,得到结果为整型数据 70。然后,float 型转换为 double 型,int 型转换为 double 型,得到最终结果为 double 型数据 72.500000。

(2) 强制类型转换。

强制类型转换是使用类型转换符强制使某一数据或表达式转换为指定类型。强制类型转换的一般格式如下:

```
(类型转换符) 表达式
```

【例 2-7】　强制类型转换。

```
# include < stdio.h >
int main()
{
    float a = 3.6,b = 3.7;          /* 定义单精度变量 a,b */
    int c,d,e;                      /* 定义整型变量 c,d,e */
    c = (int)a + (int)b;            /* 计算变量 c 的值 */
    d = (int)(a + b);               /* 计算变量 d 的值 */
    e = (int)a + b;                 /* 计算变量 e 的值 */
```

```
        printf("c = %d,d = %d,e = %d\n",c,d,e);                /*输出变量c,d,e的值*/
        return 0;
}
```

运行结果:

```
c = 6,d = 7,e = 6
```

名师点睛

(1) (类型转换符)中的类型必须是 C 语言支持的数据类型。

(2) 强制类型转换在编译时,不论是向高级类型转换还是向低级类型转换,编译器不再发出警告。

(3) 类型转换符是单目运算符。

2.2　基本数据的输入与输出

2.2.1　格式输入输出函数

在 C 语言中,输入输出是针对计算机主机而言,数据的输入输出是通过用户与计算机进行交互实现的。输入是指用户从外部输入设备(如键盘、扫描仪等)向计算机输入数据的过程。输出是指从计算机向外部输出设备(如显示屏、打印机等)输出数据的过程。

C 语言本身没有输入输出语句,输入输出语句是由 C 函数库提供的。C 语言在其函数库中提供了大量具有独立功能的函数程序块。在使用函数库时,要用编译预处理命令将有关的"头文件"包含到用户源程序文件中。调用标准函数库中的输入输出函数时,应该在源文件中使用预编译命令。例如,#include < stdio. h >或#include "stdio. h"。

1. 格式输出 printf()函数

printf()函数是格式输出函数,用来向终端(输出设备)输出若干任意类型的数据。printf()函数的一般格式如下:

```
printf("非格式字符串");
printf("格式字符串",输出列表);
```

其中:

(1) "非格式字符串"指通常所说的普通字符,在输出时会按原样输出的字符,一般是输出时的提示性信息,也可以输入空格和转义字符。例如,"printf("I Love China!");"输出时在屏幕上显示"I Love China!"。

(2) "格式字符串"由普通字符和格式控制字符组成。格式控制字符由"%"和格式说明符两部分组成,用以说明输出数据的类型、形式、长度、小数位数等,如%d、%f 等。

(3) "输出列表"是需要输出的若干数据的列表,各项之间用逗号隔开,每一项可以是常量、变量,也可以是表达式,按照格式字符串规定的格式输出具体的值。常见的格式说明符如表 2-4 所示。

表 2-4　常见的格式说明符

字符	意　义	输出语句格式	输出结果
d	十进制整数	int a＝567；printf("%d",a);	567
u	无符号十进制整数	int a＝567；printf("%u",a);	567
o	八进制无符号整数	int a＝65；printf("%o",a);	101
x，X	十六进制无符号整数	int a＝255；printf("%x",a);	ff
f	小数形式浮点数	float a＝567.789；printf("%f",a);	567.789000
c	单个字符	char a＝65；printf("%c",a);	A
s	字符串	printf("%s","ABC");	ABC
e，E	指数形式浮点数	float a＝567.789；printf("%e",a);	5.67789e＋02
g，G	e 和 f 中较短的一种	float a＝567.789；printf("%g",a);	567.789

【例 2-8】　输出格式符的用法。

```
# include < stdio.h>
int main()
{
    char b;
    b = 97;                          /*将 97 的字符赋给变量 b*/
    printf("%c\n",b);               /*输出变量 b 后换行*/
    printf("%s"," I Love China!");  /*输出字符串常量*/
    return 0;
}
```

运行结果：

```
a
I Love China!
```

2. 格式输入 scanf()函数

scanf()函数是格式输入函数,用来接受用户从键盘输入若干数据(可以是不同的数据类型),并送给指定的变量所分配的内存单元中。scanf()函数的一般格式如下：

```
scanf ("格式字符串",地址列表);
```

其中：

（1）"格式字符串" 的含义与输出 printf()函数基本相同,由普通字符和格式控制字符组成,用来指定输入的格式。

（2）"地址列表"是由若干地址组成的列表,每个变量名前加上字符"&",用来表示变量的内存地址。

（3）程序运行时,按照格式字符串的格式依次输入数据,其中普通字符要在输入时原样录入,以回车键(Enter 键)作为输入结束的标志。

【例 2-9】　输出函数的用法。

素质教育注重人的德、智、体、美、劳等方面的全面发展和各方面能力的培养。某高校对大学生的考评,按照德育、智育和能力素质分别占 30%、50%、20%来进行综合考核,请输入某大学生的德育、智育和能力素质成绩,输出该学生的综合素质测评成绩。

```
# include < stdio. h>
int main()
{
    float a,b,c;
    double score;
    printf("请按顺序输入你的德育、智育和能力素质成绩: \n");
    scanf("% f % f % f",&a,&b,&c);                    /* 输入变量 a,b,c 的值 */
    score = 0.3 * a + 0.5 * b + 0.2 * c;
    printf("你的综合素质测评成绩为: % 5.2f\n",score);
    return 0;
}
```

运行结果:

```
请按顺序输入你的德育、智育和能力素质成绩:
96 91 93
你的综合素质测评成绩为: 92.90
```

名师点睛

(1) 若在两个格式说明之间没有其他字符,则在输入时,两个数据之间可以以若干空格、Tab 制表符或回车键分隔,切记不能用逗号分隔。

(2) 如两个格式说明之间用“,”分隔,则数据输入时,数据之间只能用逗号作为分隔符,而不能用其他作为分隔符。

2.2.2　字符数据专用输入输出函数

C 语言专门提供了字符输入输出函数,这两个函数也包含在头文件 stdio. h 中,在使用时,必须在程序的 main()函数前加上 # include < stdio. h >或 # include "stdio. h"。

1. putchar()函数

putchar()函数是字符输出函数,是在显示器上输出单个字符变量的值。putchar()函数的一般格式如下:

```
putchar(字符变量);
```

例如,“putchar('\n');”输出一个换行符。

【例 2-10】　putchar()函数的用法。

```
# include < stdio. h>
int main()
{
    char a,b,c,d,e;
    a = 'C',b = 'H',c = 'I',d = 'N',e = 'A';
    printf("% s","I LOVE ");                    /* 输出字符串常量 */
    putchar(a); putchar(b); putchar(c);         /* 依次输出字符变量 a,b,c,d,e 的值 */
    putchar(d); putchar(e);
    return 0;
}
```

运行结果：

```
I LOVE CHINA
```

名师点睛

（1）putchar()函数每次只能输出一个字符。例如，putchar(a,b)，这样输出多个变量值的做法是错误的。

（2）直接用 printf()函数以字符串的方式输出 I LOVE CHINA 反而更方便。

2．getchar()函数

getchar()函数是字符输入函数，是从键盘上输入一个字符。getchar()函数的一般格式如下：

```
getchar();
```

例如，char c;… c＝getchar();

【例 2-11】　getchar()函数的用法。

```
#include<stdio.h>
int main()
{
    char a;
    printf("请输入一个小写字母:");
    a = getchar();                    /* 接收到的字符存储在变量 a 中 */
    putchar(a);                       /* 输出变量 a 的内容 */
    printf("对应的大写字母是: %c",a-32);  /* 输出 a-32 的值 */
    return 0;
}
```

运行结果：

```
请输入一个小写字母: a
对应的大写字母是: A
```

名师点睛

（1）putchar()函数和 getchar()函数每次只能处理一个字符，且 getchar()函数没有参数。

（2）getchar()函数接收的字符可以赋值给一个字符型或整型变量，也可以不赋给任何变量，而作为表达式的一部分。

2.3　运算符和表达式

2.3.1　算术运算符与算术表达式

1．算术运算符

算术运算符是算术运算的基本元素。C 语言中的算术运算符如表 2-5 所示。

表 2-5　算术运算符

操 作 符	作 用	示 例
—	减法	5-3、-2、a-b、9-7
+	加法	12+2.1、7+a
*	乘法	123*5、7.8*2
/	除法	78/3、78.0/3
%	求模(求余)	78%3

LOOK 名师点睛

(1) 由于键盘中没有"×"和"÷",运算符用"*"和"/"代替。

(2) 对于除法运算符"/",若两个整数相除,结果只能为整,小数全舍。例如,7/2=3,而不是3.5。

(3) 求模运算符"%"只适用于两个整数求余,其两个运算变量只能是整型或字符型(ASCII 码),而不能是其他类型。余数结果的符号由被除数决定。例如,8%(-3)=2,而(-8)%3=-2。

2. 算术表达式

算术表达式是指用算术运算符和括号将数据对象连接起来的式子。例如,表达式 a*b/c-2.5+'a'就是一个合法的算术表达式。表达式的运算按照运算符的结合性和优先级来进行。

C 语言规定了运算符的结合方向,即结合性。例如,表达式 7+9+1,计算机在运算时,是先计算 7+9 还是先计算 9+1 呢?这就是一个左结合性还是右结合性的问题。一般运算的结合性是自左向右的左结合,但也有右结合的运算,今后会遇到。

如果只有结合性显然不够,例如,表达式 7+9*2 就不能只考虑运算的结合性,而要考虑运算符的优先级问题了。其实在小学里我们就知道混合运算规则:先算括号里面的,然后算乘除,最后算加减。C 语言算术运算符的优先级与小学数学中的混合运算规则大致相同,即优先级从高到低是:

$$( )　\rightarrow　负号　\rightarrow　*、/、%　\rightarrow　+、-$$

其中,*、/、%优先级相同,+、-优先级相同。表达式求值时,先按运算符优先级别高低依次执行,遇到相同优先级的运算符时,则按"左结合"处理。例如,表达式 a+b*c/2,其运算符执行顺序为: *→/→+。

【例 2-12】 运算符"/"和"%"的用法。

```
#include <stdio.h>
int main()
{
    int a,b;
    float c;
    a = 5/3;
    b = 5%3;                    /* 运算符 % 要求操作数必须为整型 */
    c = 5/3.0;
    printf("a = %d,b = %d,c = %f",a,b,c);
    return 0;
}
```

运行结果：

```
a = 1,b = 2,c = 1.666667
```

2.3.2　赋值运算与赋值表达式

1. 赋值运算

最基本的赋值运算符是"＝"，是将一个数据赋给一个变量。由赋值运算符组成的表达式称为赋值表达式。赋值表达式的一般格式如下：

```
变量 = 表达式;
```

赋值表达式的计算顺序：先计算"＝"右边的表达式，再将表达式的值赋值给"＝"左边的变量。赋值表达式的作用是将一个表达式的值赋给一个变量，因此，赋值表达式具有计算和赋值两个功能。例如，"a＝4＋5"是一个赋值表达式，其求解过程是先求赋值运算右侧的表达式"4＋5"的值（9），然后再将 9 赋给赋值表达式左侧的变量 a。

在赋值表达式后加上分号就构成了赋值语句。例如，"a＝b＝c＝0;"。

> **名师点睛**
>
> 在为变量赋初始值时，如果要对几个变量赋予同一个初值，可采用"int a＝0,b＝0,c＝0;"但是不能写成"int a＝b＝c＝0;"。

2. 复合赋值

赋值运算符可以与其他部分运算符结合起来，构成复合赋值运算符。使用复合赋值运算符可以起到简化代码、提高编译效果的作用。赋值运算符都为同一优先级，遵循"右结合性"，其结合方向为"自右向左"。常见的复合赋值运算符如表 2-6 所示。

表 2-6　常见的复合赋值运算符

复合赋值运算符	名　　称	举　　例	意　　义
＋＝	加赋值	a＋＝b	等价于 a＝a＋b
－＝	减赋值	a－＝b	等价于 a＝a－b
＊＝	乘赋值	a＊＝b	等价于 a＝a＊b
/＝	除赋值	a/＝b	等价于 a＝a/b
%＝	求余赋值	a%＝b	等价于 a＝a%b

【例 2-13】　赋值运算的结合性。

```
# include < stdio.h>
int main()
{
    int a = 1;
    a * = a -= 5;
    printf("a = % d\n",a);
    return 0;
}
```

运行结果：

```
a = 16
```

程序说明：因为赋值运算符为右结合性，在表达式 a＊＝a－＝5 中，故先计算 a－＝5，等价于 a＝a－5，则 a 变为－4；再计算 a＊＝a，等价于 a＝(－4)＊(－4)，最后结果为 a＝16。

3. 自增和自减运算符

C语言提供了其他语言一般不支持的两种非常实用的操作符，即自增运算符"＋＋"和自减运算符"－－"，其作用是让变量的值加1或减1。但自增和自减运算符都有前置与后置之分，前置后置决定了变量使用与计算的顺序。

(1) 自增运算符前置，如＋＋i，是先将 i 的值加1，再使用加1后 i 的值。

(2) 自增运算符后置，如 i＋＋，是先使用 i 当前的值，再将 i 的值加1。

(3) 自减运算符前置，如－－i，是先将 i 的值减1，再使用减1后 i 的值。

(4) 自减运算符后置，如 i－－，是先使用 i 当前的值，再将 i 的值减1。

> **名师点睛**
>
> (1) 自增和自减运算符只能作用于变量，不能用于常量或表达式。例如，3＋＋,(a＋b)－－都是不合法的。
>
> (2) 自增和自减运算符在算术运算符中的优先级最高。
>
> (3) 自增和自减运算符常用于循环语句中，使循环变量自动加1；也用于指针变量，使指针指向下一个地址。

【例 2-14】 自增与自减运算符的使用方法。

```c
#include <stdio.h>
int main()
{
    int a = 2,b = 4,c;
    a++;
    ++b;
    c = (a++) * b;
    printf("a = %d b = %d c = %d\n",a,b,c);
    c = (++a) * b;
    printf("a = %d b = %d c = %d\n",a,b,c);
    return 0;
}
```

运行结果：

```
a = 4 b = 5 c = 15
a = 5 b = 5 c = 25
```

2.3.3 关系运算与逻辑运算

在现实生活中，许多事情往往是有一定条件约束限制的。作为计算机语言，编程的目的是解决现实生活中的错综复杂的问题。对于 C 语言来说,条件是由关系运算符和逻辑运算符组织起来的,因此必须对关系运算和逻辑运算有深刻的认识。

1. 关系运算

1)关系运算符

关系运算符用于比较运算符左右两个操作数的大小关系。因此,关系运算符实际上就是"比较运算",是将两个值进行比较,判断是否符合或满足给定的条件。判断的结果要么是"真",要么是"假"。在 C 在语言中,"真"用数字 1 表示,"假"用数字 0 表示。C 语言提供的关系运算符及其优先级如表 2-7 所示。

表 2-7 关系运算符及其优先级

运 算 符	含 义	优 先 级	
<	小于	优先级相同	高
<=	小于或等于		↑
>	大于		
>=	大于或等于		低
==	等于	优先级相同	
!=	不等于		

名师点睛

(1)关系运算符的优先级低于算术运算符,高于赋值运算符。

(2)关系运算的结合性也是"左结合性"。

(3)C 语言中的等于关系用"=="表示,而不是"="。赋值运算是将右侧的值赋给左边变量,赋值运算符没有比较的意义。

2)关系表达式

关系表达式是指用关系运算符将变量、常量、表达式连接起来的式子。关系表达式的一般格式如下:

表达式 1 关系运算符 表达式 2

关系运算符两边的"表达式"可以是 C 语言中任意合法的表达式。既可以为算术表达式、逗号表达式、赋值表达式、关系表达式和逻辑表达式,也可以是变量和函数等。

关系表达式的值指关系运算的结果,为逻辑值"真"或"假",用数字 1 或 0 表示。

【例 2-15】 关系运算符的运用。

```
# include < stdio. h >
int main()
{
    int a = 3, b = 2;
    printf(" % d, % d, % d, % d, % d, % d",a < b,a < = b,a > b,a > = b,a = = b,a! = b);
    return 0;
}
```

运行结果:

0,0,1,1,0,1

2.逻辑运算

1）逻辑运算符

逻辑运算表示两个数据或表达式之间的逻辑关系。C 语言提供的逻辑运算符及其优先级如表 2-8 所示。

表 2-8　逻辑运算符及其优先级

运算符	含义	类型	举例	说　　明	优先级
!	逻辑非	单目	!X	当 X 为真时,!X 为假;当 X 为假时,!X 为真	高 ↑
&&	逻辑与	双目	X&&Y	仅 X 与 Y 均为真时,X&&Y 为真,否则为假	
||	逻辑或	双目	X||Y	X 与 Y 至少一个为真,X||Y 就为真,否则为假	低

名师点睛

（1）! 是单目运算符(只有一个运算量),格式为"!表达式"。

（2）! 的结合性为"从右向左", && 和 || 的结合性仍为"从左往右"。

2）逻辑表达式

逻辑表达式是指用逻辑运算符将关系表达式或逻辑量连接起来的式子。逻辑表达式的一般格式如下:

表达式 1 逻辑运算符 表达式 2

逻辑表达式的值指逻辑运算的结果,为逻辑值"真"或"假",用数字 1 或 0 表示。逻辑运算符的运算规则如表 2-9 所示。

表 2-9　逻辑运算符的运算规则

a	b	!a	!b	a&&b	a||b
0	0	1	1	0	0
0	非 0	1	0	0	1
非 0	0	0	1	0	1
非 0	非 0	0	0	1	1

短路特性是指在 C 语言中,在进行逻辑表达式求解时,并非所有的逻辑运算符都被执行,只是在必须执行下一个逻辑运算符才能求出表达式的解时,才执行该运算符。

即在一个或多个由 && 相连的表达式中,只要有一个操作数为 0,就不做后面的 && 运算,整个表达式的结果为 0。而在由一个或多个 || 连接而成的表达式中,只有碰到第 1 个不为 0 的操作数,就不必进行后续运算,整个表达式的值就不为 0。例如,a&&b&&c 表达式只有 a 为真,才会计算并判别 b 的值;只有 a、b 都为真,才需要计算并判别 c 的值。只要 a 为假,不管 b 与 c 是真是假,此时整个表达式已经确定为假,就没有必要去计算并判别 b、c 的真假了;若 a 真 b 假,则不必去计算并判断 c 的真假。

同理,a||b||c 表达式中,只有 a 为假,才会计算 b 与 c 的值;只有 a、b 都为假,才需要

计算 c 的值。

2.3.4　逗号运算与条件运算

C 语言除了提供常规的几种运算符外,还有一些特殊用途的运算符,它们在编程中虽然不是必须用的,但是恰当地运用它们会给编程带来很多方便。

1. 逗号运算

逗号运算符是将两个表达式用","连接起来,实现特定的作用,用逗号运算符把两个表达式连接起来的式子就成为逗号表达式。逗号表达式一般格式如下:

> 表达式 1,表达式 2,表达式 3,…,表达式 n;

逗号表达式的值是最后一个表达式 n 的值,其求解过程是:从左到右依次求解表达式 1,表达式 2,…,表达式 n。例如,逗号表达式"a=3*8,a+2;",先求 a=3*8,得 24,然后求解 a+2,得 26,因此整个逗号表达式的值为 26。

🔍 名师点睛

（1）逗号运算符的优先级是所有运算符中级别最低的,其优先级低于赋值运算符。

（2）并非出现逗号的地方都是逗号表达式,在定义变量时,可以使用逗号。例如,"int a,b;",这里的逗号就不是运算符,它只是一个分隔符。

（3）逗号表达式的结合性为"从左往右"。

2. 条件运算

条件运算符是 C 语言中唯一的三目运算符,即它需要 3 个数据或表达式构成条件表达式。条件运算的一般格式如下:

> 表达式 1?表达式 2: 表达式 3

如果表达式 1 成立,则表达式 2 的值是整个表达式的值,否则表达式 3 的值是整个表达式的值。例如,将变量 a、变量 b 中最大的放在变量 max 中,利用条件运算完成"max=a>b?a:b;"。

🔍 名师点睛

条件运算符的结合方向为从右向左。例如,a>b?a:b>c?b:c 等价于 a>b?a:(b>c?b:c)。

【例 2-16】　条件运算的运用。

```c
#include<stdio.h>
int main()
{
    int a,b,c,max;
    scanf("%d,%d,%d",&a,&b,&c);
```

```
max = a > (b > c?b: c)?a: (b > c?b: c);
printf("a = % d,b = % d,c = % d,max = % d\n",a,b,c,max);
return 0;
}
```

运行结果：

```
3,4,5
a = 3,b = 4,c = 5,max = 5
```

2.4   C语言语句分类

读者是否已经体会到,计算机语言的语句就是命令,指挥计算机进行工作? C语言也是利用函数中的可执行语句,向计算机系统发出操作命令。C语言的语句分为控制语句、函数调用语句、表达式语句、空语句和复合语句 5 种类型。

1. 控制语句

控制语句用于完成一定的控制功能,以实现程序的结构化。C语言有 9 种控制语句,可分为 3 类。

(1) 选择结构控制语句。例如,if-else-、switch()。

(2) 循环结构控制语句。例如,while、do-while、for。

(3) 流程转向控制语句。例如,break、continue、goto、return。

2. 函数调用语句

函数调用语句由一个函数调用加上一个分号构成,作用时调用函数体并把实际参数赋给函数定义中的形式参数,然后执行被调用函数体中的语句,求取函数值。函数调用的一般格式如下:

函数名 (实际参数);

例如,"printf("I Love China!");"。

3. 表达式语句

表达式语句由表达式加一个分号构成。最典型的表达式语句是,在赋值表达式后加一个分号构成赋值语句。例如,"x=5"是一个赋值表达式,而"x=5;"是一个赋值语句。

4. 空语句

空语句是指只有一个分号而没有表达式的语句。空语句不做任何操作运算,而只是作为一种形式上的语句填充在控制语句之中。这些填充处需要一条语句,但又不做任何操作,是最简单的表达式语句。例如,";"就是一个空语句。

5. 复合语句

复合语句是把一组语句用一对大括号"{}"括起来,又称为块语句。构成块的所有语句被逻辑地形成一体,这些语句在执行时作为一个整体,在内存中占用一片连续区域。例如:

```
if(a > b)
{
    t = a;
    a = b;
    b = t;
}
```

LOOK 名师点睛

（1）复合语句在语法上与单一语句相同，即单一语句出现的地方也可以使用复合语句。

（2）复合语句可以嵌套，即复合语句也可以出现在复合语句中。

2.5　常见错误分析

2.5.1　标识符命名错误

标识符命名规则中指出：标识符只能由字母、下画线和数字组成，且第一个字符必须是字母或下画线，不能是数字；英文字母的大小写代表不同的标识符；标识符不能是 C 语言中的关键字。很多初学者在编写程序时容易混淆变量中字母的大小写或命名不正确。

【例 2-17】　标识符命名错误。

```
#include < stdio.h >
int main()
{
    int Score1 = 90,2score = 80,sum;        /* 变量 2score 首字符为数字 */
    sum = score1 + 2score;                  /* score1 不同于 Score1 */
    printf("总成绩为： % d\n",sum);
    return 0;
}
```

编译报错信息如图 2-3 所示。

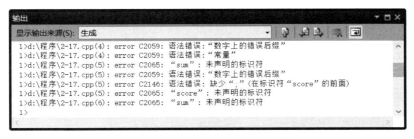

图 2-3　标识符命名问题的编译报错信息

错误分析：根据标识符命名规则，变量 score1 和变量 Score1 是两个不同的变量，2score 不符合标识符的命名规则。

2.5.2　变量定义错误

变量在定义时，若有多个变量，中间需要用逗号隔开，并且变量必须"先定义，后使用"，否则编译器就会报错。

【例 2-18】 多个变量定义错误。

```
# include < stdio.h >
int main( )
{
    int a b;                      /*多个变量中间没有用逗号隔开*/
    a = 10;
    b = 20;
    printf("a = %d,b = %d\n",a,b);
    return 0;
}
```

编译报错信息如图 2-4 所示。

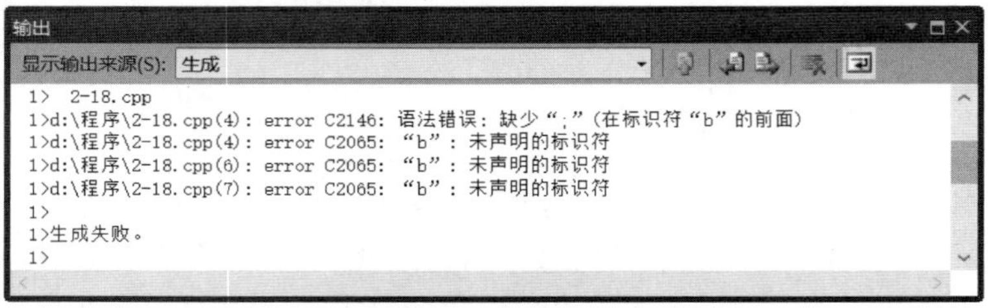

图 2-4   多个变量定义问题的编译报错信息

错误分析：定义变量 a 和变量 b 时中间没有使用逗号隔开，因此编译时提示变量 b 未定义。

2.5.3   字符变量赋值错误

用字符常量给变量赋值时，需要用单引号括起来。若缺少单引号编译器就会报错。

【例 2-19】 字符变量赋值错误。

```
# include < stdio.h >
int main( )
{
    char c;
    c = B;                       /*字符常量 b 需要使用单引号括起来*/
    printf("c = %c\n",c);
    return 0;
}
```

编译报错信息如图 2-5 所示。

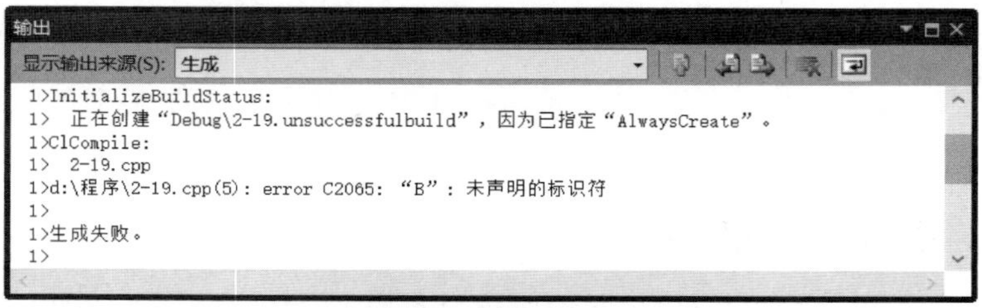

图 2-5   字符变量赋值的编译报错信息

错误分析：字符常量 B 赋值给字符变量 c 时未使用单引号括起来，因此编译时提示字符常量 B 未定义。

2.5.4　运算时错用数据类型

数据类型会受参与运算的运算符限制，例如，取余运算只能用于整数，而两个整数相除与两个浮点数相除的结果不同。

【例 2-20】　数据类型定义。

```
# include < stdio. h>
int main()
{
    float a,b;
    a = 7/2;                /* 两个整数相除是整除,取商的整数部分 */
    b = 7.0/2;              /* 除数或被除数有一个是浮点数,结果才是浮点数 */
    printf("a = % f,b = % f\n",a,b);
    return 0;
}
```

运行结果：

```
a = 3.000000,b = 3.500000
```

错误分析：两个整数相除，其结果还是整数。因此，小数部分被舍掉，只保留整数部分作为结果，因为 a 是单精度型，所以 a 等于 3.000000。只有当除数或被除数中有一个为浮点数时，结果才是浮点数。

技能实战

2.6　字符串加密应用实战

视频讲解

2.6.1　实战背景

量子通信技术是我国领跑于世界的重大科技成果之一。量子通信是利用量子效应加密并进行信息传输的一种通信方式，能用量子态作为信息载体，通过量子态的传送完成大容量信息的传输，实现了原则上不可破译的量子保密通信。量子密钥分发技术也是迄今为止唯一被严格证明是原理上无条件安全的通信方式。作为进一步探索信息保密技术的起点，运用 C 语言知识来实现最简单的信息加密技术——字符串加密技术。

2.6.2　实战目的

（1）掌握字符的定义方法。

（2）ASCII 码值的应用，运算符、表达式的使用。

（3）printf()函数连续输出多个字符。

2.6.3　实战内容

编写 C 语言程序，实现对字符串的加密。要求字符串中的每个字符都使用相应字符后面的第 6 个字符代替原来的字符。例如，字符串"hello"，加密之后，字符串变为"nkrru"，请编写一个程序对"hello"字符串进行加密。

2.6.4　实战过程

```
#include<stdio.h>
int main()
{
    char a,b,c,d,e;
    a = 'h';
    b = 'e';
    c = d = 'l';
    e = 'o';
    a = a + 6;
    b = b + 6;
    c = c + 6;
    d = d + 6;
    e = e + 6;
    printf("加密后的字符串为：\n");
    printf("%c%c%c%c%c\n",a,b,c,d,e);
    return 0;
}
```

技能实战运行结果如图 2-6 所示。

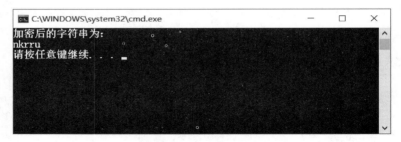

图 2-6　技能实战运行结果

2.6.5　实战意义

通过实战，进一步掌握了变量的定义和正确使用；加深了对运算符的应用理解，对编程解决一些实际问题有了更深的认识。

作为新时代大学生，需要树立正确的网络安全观，在网络公共空间，要时刻遵守公共秩序，遵守基本的道德准则。

第3章

选择结构程序设计

CHAPTER **3**

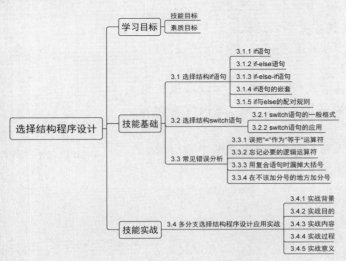

选择结构程序设计 —— 学习目标 —— 技能目标 / 素质目标

技能基础 —— 3.1 选择结构if语句 —— 3.1.1 if语句 / 3.1.2 if-else语句 / 3.1.3 if-else-if语句 / 3.1.4 if语句的嵌套 / 3.1.5 if与else的配对规则

3.2 选择结构switch语句 —— 3.2.1 switch语句的一般格式 / 3.2.2 switch语句的应用

3.3 常见错误分析 —— 3.3.1 误把"="作为"等于"运算符 / 3.3.2 忘记必要的逻辑运算符 / 3.3.3 用复合语句时漏掉大括号 / 3.3.4 在不该加分号的地方加分号

技能实战 —— 3.4 多分支选择结构程序设计应用实战 —— 3.4.1 实战背景 / 3.4.2 实战目的 / 3.4.3 实战内容 / 3.4.4 实战过程 / 3.4.5 实战意义

案例导读

学习目标

技能目标：

（1）掌握结构化程序设计的 3 种基本结构。

（2）掌握不同的 if 语句的格式，掌握其实现选择结构的方法。

（3）掌握使用 switch 语句的格式及应用方法。

（4）掌握避免使用选择结构时常见的错误，能熟练编写选择结构程序。

素质目标：

（1）学会做一个凡事有条理的人，懂得按照事情的计划和顺序来做，学会统筹管理和节约时间，提高学习和办事的效率。

（2）通过多种选择结构的编程练习，使学生掌握选择结构的概念及多种语句的使用，培养学生将知识应用于解决实际问题的意识。

（3）通过对易犯错误进行整理和案例分析，培养学生良好的编程习惯，树立问题意识，提升自我的灵活性，从而提升学生自主学习的能力。

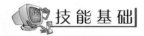技能基础

3.1　选择结构 if 语句

3.1.1　if 语句

if 在英文中的含义是"如果",也就意味着判断。C 语言用 if 语句可以构成分支结构。它根据给定的条件进行判断,以决定执行某个分支程序段。if 语句的一般格式如下:

| if(表达式)　语句 | |

其中,表达式一般为逻辑表达式或关系表达式。语句可以是一条简单的语句或多条语句,当为多条语句时,需要用"{}"将这些语句括起来,构成复合语句。

if 语句的执行过程:当表达式的值为真(非 0)时,执行语句,否则直接执行 if 语句下面的语句。if 语句的执行流程如图 3-1 所示。

【例 3-1】　编程实现,输入两个整数,输出这两个数中较大的数。

图 3-1　if 语句的执行流程

```
#include<stdio.h>
int main()
{
    int a,b,max;                        /*定义整型变量 a、b 和 max*/
    printf("请输入两个整数:");          /*输出屏幕提示*/
    scanf("%d%d",&a,&b);                /*从键盘输入 a、b 的值*/
    max=a;                              /*假设 a 是较大的并赋值给 max*/
    if(a<b)                             /*若 a 比 b 小,则将 b 赋给 max*/
    max=b;
    printf("两数中较大的数为: %d\n",max); /*输出结果*/
    return 0;                           /*函数返回值 0*/
}
```

运行结果:

```
请输入两个整数: 5 33
两数中较大的数为: 33
```

程序说明:定义 3 个变量,分别为变量 a、变量 b 和变量 max,用来存放输入的两个整数和较大数。从键盘输入两个整数,首先假设 a 是较大数,将 a 的值赋给 max,然后使用 if 语句进行条件判断,如果 a 小于 b,则 b 为较大数,即将 b 的值赋给 max。

名师点睛

(1) if 后面的表达式必须用"()"括起来。

(2) if 后面的表达式可以是关系表达式、逻辑表达式、算术表达式等。

（3）表达式中一定要区分赋值运算符"＝"和关系运算符"＝＝"。例如,if(x＝＝33)判断 x 的值是否等于 33,而 if(x＝33)则是把 33 赋值给 x,所以表达式的值为 33(非 0),即为真。

3.1.2　if-else 语句

if 语句只允许在条件为真时指定要执行的语句,而 if-else 语句还可以在条件为假时指定要执行的语句。if-else 语句的一般格式如下:

```
if(表达式)
    语句 1
else
    语句 2
```

if-else 语句的执行过程:当表达式为真(非 0)时,执行语句 1,否则执行语句 2。if-else 语句的执行流程如图 3-2 所示。

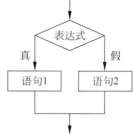

图 3-2　if-else 语句的执行流程

名师点睛

（1）"语句 1"和"语句 2"是"内嵌语句",它们是 if-else 语句中的一部分。每个内嵌语句的末尾都应该有分号。

（2）else 子句不能作为语句单独使用,它必须是 if 语句的一部分,与 if 配对使用。

（3）"语句 1"和"语句 2"可以是一个简单的语句,也可以是一个包括多个语句的复合语句。

（4）内嵌语句也可以是一个 if 语句,这就形成了 if 嵌套。

【例 3-2】　儿歌"红绿灯,大眼睛,一闪一闪要看清。红灯停,绿灯行,黄灯牢记准备停。"根据输入信号灯 s 的值,输出车辆通行情况。

```
# include< stdio.h>
int main()
{
    int s;                         /*定义整型变量 s 表示交通信号灯 */
    printf("请输入信号灯的值:");      /*输出屏幕提示 */
    scanf(" % d",&s);              /*从键盘输入 s 的值 */
    if (s==1)                      /* s==1 表示绿灯亮 */
        printf("请车辆有序通行!\n"); /*输出结果 */
    else                           /* s 输入其他值,表示红灯亮 */
        printf("请及时停车!\n");     /*输出结果 */
    return 0;                      /*函数返回值 0 */
}
```

运行结果:

```
请输入信号灯的值: － 3
请及时停车!
```

程序说明:根据输入信号灯的值,输出车辆通行情况。使用 if-else 语句进行条件判断,如果输入信号灯 s 的值等于 1,条件成立,输出"请车辆有序通行!"。输入其他值 else 的条件成立,输出"请及时停车!"。

【例 3-3】　编程实现,输入两个整数,输出这两个数中较大的数(用 if-else 语句实现)。

```
#include<stdio.h>
int main()
{
    int a,b;                              /*定义整型变量 a、b*/
    printf("请输入两个整数:");            /*输出屏幕提示*/
    scanf("%d%d",&a,&b);                 /*从键盘输入 a 和 b 的值*/
    if(a>b)                               /*若 a 大于 b,则输出 a*/
            printf("max=%d\n",a);
    else                                  /*否则输出 b*/
            printf("max=%d\n",b);
    return 0;                             /*函数返回值 0*/
}
```

运行结果:

```
请输入两个整数: 5 33
max=33
```

程序说明:使用 if-else 语句进行条件判断,如果 a 大于 b,则 a 为较大数,if 条件成立,输出 a 的值;否则 b 为较大数,else 条件成立,输出 b 的值。

3.1.3　if-else-if 语句

编程时常常需要判定一系列的条件,一旦其中某一个条件为真就立刻停止。这种情况可以采用 if-else-if 语句,其一般格式如下:

```
if(表达式 1)            语句 1
else if(表达式 2)       语句 2
else if(表达式 3)       语句 3
…
else if(表达式 n)       语句 n
else                    语句 n+1
```

if-else-if 语句的执行过程:依次判断表达式的值,当出现某个值为真时,则执行其对应的语句,然后跳到整个 if 语句之外继续执行程序。如果所有的表达式都为假,则执行最后一个 else 后的语句,然后继续执行后续程序。if-else-if 语句的执行流程如图 3-3 所示。

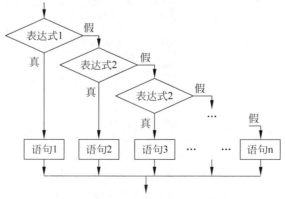

图 3-3　if-else-if 语句的执行流程

【例 3-4】　在例 3-2 的基础上,完善信号灯在红、绿、黄 3 种情况下车辆的通行情况。

```
#include<stdio.h>
int main()
{
    int s;                              /*定义整型变量 s 表示交通信号灯*/
    printf("请输入信号灯 s 的值:");      /*输出屏幕提示*/
    scanf("%d",&s);                     /*从键盘输入 s 的值*/
    if(s==1)                            /*s==1 表示绿灯亮*/
        printf("请车辆有序通行!\n");     /*输出结果*/
    else if(s==0)                       /*s==0 表示红灯亮*/
        printf("请及时停车!\n");         /*输出结果*/
    else                                /*s 输入其他值表示黄灯亮*/
        printf("黄灯亮,请准备停车。\n"); /*输出结果*/
    return 0;                           /*函数返回值*/
}
```

运行结果:

```
请输入信号灯 s 的值: -3
黄灯亮,请准备停车。
```

程序说明:本例的功能与例 3-2 相同,都是根据输入信号灯的值,输出车辆通行情况。使用 if-else-if 语句进行条件判断,假设 s==1 表示绿灯亮,s==0 表示红灯亮,其他值表示黄灯亮。当输入 s 的值为 1 时,if 语句条件成立,输出"请车辆有序通行!";当输入 s 的值为 0 时,else if 语句条件成立,输出"请及时停车!";当输入其他值时,输出"黄灯亮,请准备停车。"

【例 3-5】　学生成绩可分为百分制和五级制,将输入的百分制成绩 score,转换为相应的五级制成绩后输出。百分制与五级制成绩的对应关系如表 3-1 所示。

表 3-1　百分制与五级制成绩的对应表

百　分　制	五级制	百　分　制	五级制
score>100 或 score<0	无意义	70≤score<80	中等
90≤score≤100	优秀	60≤score<70	及格
80≤score<90	良好	0≤score<60	不及格

```
#include<stdio.h>
int main()
{
    int score;                          /*定义表示成绩整型 score*/
    printf("请输入学生成绩:");          /*输出屏幕提示*/
    scanf("%d",&score);                 /*从键盘输入百分制成绩*/
    if(score>100||score<0)              /*输入分数不合理时提示错误信息*/
        printf("您输入的成绩不正确!\n");
    else if(score>=90)                  /*这里的 else 表示 0=<score&&score<=100*/
        printf("优秀\n");
    else if(score>=80)                  /*这里的 else 表示 0=<score&&score<=90*/
        printf("良好\n");
    else if(score>=70)                  /*这里的 else 表示 0=<score&&score<=80*/
        printf("中等\n");
```

```
        else if(score>=60)              /* 这里的 else 表示 0=<score&&score<=70 */
              printf("及格\n");
        else                            /* 这里的 else 表示 0=<score&&score<=60 */
              printf("不及格\n");
return 0;                               /* 函数返回值 */
}
```

运行结果：

```
请输入学生成绩: 95
优秀
```

程序说明：这是一道典型的能够使用 if-else-if 语句的题目，根据对一系列互斥条件的判断来选择执行哪条语句。每个 else 本身都隐含了一个条件，如第 1 个 else 实质上表示条件 score>=0&& score<=100 成立，此隐含条件与对应的 if 所给出的条件完全相反。在编程时要善于利用隐含条件，使程序代码清晰简洁。

3.1.4 if 语句的嵌套

if 语句的嵌套是指在 if 语句中又包括一个或多个 if 语句。内嵌的 if 语句可以嵌套在 if 子句中，也可嵌套在 else 子句中。

（1）在 if 子句中嵌套具有 else 子句 if 语句。

```
if(表达式1)
    if(表达式2)    语句1
    else          语句2
else
    语句3
```

当表达 1 的值为非 0 时，执行内嵌的 if-else 语句；当表达式 1 的值为 0 时，执行语句 3。
（2）在 if 子句中嵌套不含 else 子句的 if 语句。

```
if(表达式1)
    {  if(表达式2)   语句1   }
else
    语句2
```

用"{}"把内层 if 语句括起来，在语法上成为一条独立的语句，使得 else 与外层的 if 配对。
（3）在 else 子句中嵌套具有 else 子句的 if 语句。

```
if(表达式1)        语句1
else if(表达式2)   语句2
    else          语句3
```

第 2 个 if 语句作为第 1 个 if 表达式 1 不成立时的执行语句。当表达式 2 成立时执行语句 2，不成立时执行语句 3。
（4）在 else 子句中嵌套不含 else 子句的 if 语句。

```
if(表达式1)        语句1
else if(表达式2)   语句2
```

第 2 个 if 语句作为第 1 个 if 表达式 1 不成立时的执行语句。当表达式 2 成立时执行语句 2,不成立时什么都不执行。

【例 3-6】　编写程序,实现输入 3 个整数,输出最大值。

```
# include< stdio. h>
int main()
{
    int a,b,c,max;                      /* 定义变量 */
    printf("请输入 3 个整数: \n");        /* 输出提示信息 */
    scanf("%d%d%d",&a,&b,&c);          /* 输出提示信息 */
    if(a> b)                            /* a> b */
        if(a> c)                        /* a> b 并且 a> c,最大值为 a */
            max = a;
        else                            /* a> b 并且 c> a,最大值为 c */
            max = c;
    else                                /* a< b */
        if(b> c)                        /* b> a 并且 b> c,最大值为 b */
            max = b;
        else                            /* b> a 并且 c> b,最大值为 c */
            max = c;
    printf("max = %d\n",max);           /* 输出最大值 max */
    return 0;                           /* 函数返回值 */
}
```

运行结果:

```
请输入 3 个整数:
8 33 - 15
max = 33
```

程序说明:本题可以采用 if 嵌套进行实现,先比较 a 和 b 的大小,如果 a 大于 b,就将 a 与 c 进行比较,如果 a 也大于 c,那么最大值就为 a;否则,最大值为 c。如果 a 小于 b,就将 b 与 c 进行比较,如果 b 大于 c,那么最大值就为 b;否则,最大值为 c。

3.1.5　if 与 else 的配对规则

if 语句在出现嵌套形式时,初学者往往会弄错 if 与 else 的配对关系,特别是当 if 与 else 的数量不对等时。因此,必须掌握 if 与 else 的配对规则。C 语言规定 else 与其上面最接近它,还未与其他 else 语句配对的 if 语句配对。if 与 else 的配对规则如图 3-4 所示。

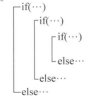

同时从书写格式上也要注意程序的层次感,优秀的程序员应该养成这种习惯,以便他人阅读和自己修改程序。注意,书写格式不能代替程序逻辑。

如果 if 的个数与 else 的个数相同,则从内层到外层一一对应;而 if 与 else 的数量不一致时,为体现编程者的意图,可在需要时添加"{}"来强制确定配对关系,否则就不能实现编程者的真正意图。

图 3-4　if 与 else 的配对规则

名师点睛

else 总是与它前面最近的且尚未与其他 else 配对的 if 配对。

🔑 3.2　选择结构 switch 语句

3.2.1　switch 语句的一般格式

if 语句只能实现两路分支,在两种情况中选择其一执行。虽然嵌套的 if 语句可以实现多路的检验,但有时不够简洁。某些程序运行中多达数个分支,用 if-else 语句可以根据条件沿不同支路向下执行,但程序的层次太多,显得烦琐,在一定程度上影响了可读性。为此 C 语言提供了实现多路选择的另一种语句——switch 语句,称为开关体语句。switch 语句的一般格式如下:

```
switch(表达式)
{
    case 常量表达式1:      语句1;
    case 常量表达式2:      语句2;
    …
    case 常量表达式n:      语句n;
    default:              语句n+1;
}
```

switch 语句的执行过程:先计算 switch 后面表达式的值,与某个 case 后面常量表达式的值相等时,就执行此 case 后面的所有语句,直到遇到 break 语句或 switch 语句的结束符"}"才结束。如果 case 后无 break 语句,则不再进行判断,继续执行随后所有的 case 后面的语句。如果没有找到与此值相匹配的常量表达式,则执行 default 后的语句 n+1;若无 default 子句,则执行 switch 语句后面的其他语句。

📖 名师点睛

在使用 switch 语句时应注意以下 6 点。

(1) switch 后的表达式和 case 后的常量表达式可以是整型、字符型、枚举型,但不能是实型。

(2) 同一个 switch 语句中,各 case 后的常量表达式的值必须互不相同,否则会出现多种执行方案。

(3) case 后的语句可以是一条语句,也可以是多条语句,此时多条语句不必用大括号"{}"括起来。同一个 switch 语句中,各 case 后的常量表达式的值必须互不相同,否则会出现多种执行方案。

(4) default 可以省略,省略时如果没有与 switch 表达式相匹配的 case 常量,则不执行任何语句,程序转到 switch 语句后的下一条语句执行。

(5) 各 case 和 default 子句的先后顺序可以改变,不影响执行结果。

(6) 如果多种情况都执行相同的程序块,则对应的多个 case 可以执行同一语句。

3.2.2　switch 语句的应用

【例 3-7】　春节是我国重要的传统节日之一。春节的饮食有很多讲究,北方民谚曰:

"初一饺子初二面,初三合子往家转,初四烙饼炒鸡蛋,初五初六捏面团,初七、初八炒年糕,初九初十白米饭,十一十二八宝粥,十三十四氽汤丸,正月十五元宵圆。"

编程实现,从键盘上输入 1~15 的数字,显示对应正月初一到正月十五要吃的美食,当输入数字不在 1~15 范围时,输出"年过完了,撸起袖子加油干!"。

```c
#include< stdio.h>
int main()
{
    int date;                                    /* 定义表示初几的整型 date */
    printf("今天初几啊?\n");                      /* 输出屏幕提示 */
    scanf(" %d",&date);                          /* 从键盘输入日期 */
    switch(date)                                 /* switch 语句判断 */
    {
        case 1: printf("吃饺子\n"); break;        /* date 值为 1 时,输出语句并跳出 switch */
        case 2: printf("吃面条\n"); break;        /* date 值为 2 时,输出语句并跳出 switch */
        case 3: printf("吃合子\n"); break;        /* date 值为 3 时,输出语句并跳出 switch */
        case 4: printf("烙饼炒鸡蛋\n"); break;    /* date 值为 4 时,输出语句并跳出 switch */
        case 5:                                   /* date 值为 5、6 时,输出语句并跳出 switch */
        case 6: printf("捏面团\n"); break;
        case 7:                                   /* date 值为 7、8 时,输出语句并跳出 switch */
        case 8: printf("吃炒年糕\n"); break;
        case 9:                                   /* date 值为 9、10 时,输出语句并跳出 switch */
        case 10: printf("吃白米饭\n"); break;
        case 11:                                  /* date 值为 11、12 时,输出语句并跳出 switch */
        case 12: printf("吃八宝粥\n"); break;
        case 13:                                  /* date 值为 13、14 时,输出语句并跳出 switch */
        case 14: printf("氽汤丸\n"); break;
        case 15: printf("吃元宵\n"); break;       /* date 值为 15 时,输出语句并跳出 switch */
        default: printf("年过完了,撸起袖子加油干!\n"); break;
                                                  /* date 值为其他时,输出语句并跳出 switch */
    }
}
```

运行结果:

```
今天初几啊?
16
年过完了,撸起袖子加油干!
```

程序说明:这是一道可以利用多分支选择语句的题目,定义整型变量 date,使用 switch 语句判断整型变量 date 的值,利用 case 语句检验 date 值的不同情况;如果 date 的值不是 case 中所检验列出的情况,则输出"年过完了,撸起袖子加油干!"。在 switch 语句中,"case 常量表达式"只相当于一个语句标号,表达式的值和某标号相等则转向该标号执行,但不能在执行完该标号的语句后自动跳出整个 switch 语句,所以出现了继续执行所有后面 case 语句的情况。这与前面介绍的 if 语句是完全不同的,应特别注意。

为了避免上述情况,C 语言还提供了 break 语句,专用于跳出 switch 语句,break 语句只有关键字 break,没有参数。此部分内容将在后面详细介绍。

【例 3-8】 "十二生肖"也称"十二属相",是我国传统文化中使用最广、影响最深的文化现象之一。所谓十二生肖,是古人将十二地支与十二种动物相配,用于记录历史年份的一种形式。因其使用的鼠、牛、虎、兔、龙、蛇、马、羊、猴、鸡、狗、猪大部分都是现实中的实生动物,故称"十二生肖"。

　　编程实现,从键盘上输入年份,输出对应的生肖。

```
# include < stdio.h >
int main()
{
    int year;                              /* 定义表示年份的整型 year */
    printf("请输入年份:");                  /* 输出屏幕提示 */
    scanf("%d",&year);                     /* 从键盘输入年份 */
    printf("公元 %d 年是:",year);
    switch((year+9)%12)                    /* switch 语句判断 */
    {
        case 0: printf("猪年\n"); break;    /* 值为 0 时,输出语句并跳出 switch */
        case 1: printf("鼠年\n"); break;    /* 值为 1 时,输出语句并跳出 switch */
        case 2: printf("牛年\n"); break;    /* 值为 2 时,输出语句并跳出 switch */
        case 3: printf("虎年\n"); break;    /* 值为 3 时,输出语句并跳出 switch */
        case 4: printf("兔年\n"); break;    /* 值为 4 时,输出语句并跳出 switch */
        case 5: printf("龙年\n"); break;    /* 值为 5 时,输出语句并跳出 switch */
        case 6: printf("蛇年\n"); break;    /* 值为 6 时,输出语句并跳出 switch */
        case 7: printf("马年\n"); break;    /* 值为 7 时,输出语句并跳出 switch */
        case 8: printf("羊年\n"); break;    /* 值为 8 时,输出语句并跳出 switch */
        case 9: printf("猴年\n"); break;    /* 值为 9 时,输出语句并跳出 switch */
        case 10: printf("鸡年\n"); break;   /* 值为 10 时,输出语句并跳出 switch */
        case 11: printf("狗年\n"); break;   /* 值为 11 时,输出语句并跳出 switch */
        default: printf("输入错误!\n"); break; /* 其他数值,输出语句并跳出 switch */
    }
}
```

运行结果:

```
请输入年份: 2022
公元 2022 年是: 虎年
```

　　程序说明:如果能计算出输入年份在一个生肖周期中的顺序号,那么马上就能知道这一年的生肖。现已知公元 1 年是鸡年,鸡在生肖中的序号是 10,与公元 1 年相差 9,因此先将年份加上 9 再对 12 取余,得到的余数就正好是这一年在生肖周期中的顺序号,余数为 0 时顺序号为 12。

🔑 3.3　常见错误分析

3.3.1　误把"="作为"等于"运算符

很多初学者习惯性地用数学上的等于号"="用作 C 语言关系运算符"等于"。

【例 3-9】　错误使用"等于"运算符。

```
# include < stdio.h >
int main()
{
    int a;
```

```
    scanf("%d",&a);
    if(a=1)                    /*误把"="用作"等于"运算符*/
            printf("成功!\n");
    else
            printf("失败!\n");
    return 0;
}
```

错误分析：这种写法在程序编译过程中没有任何报错信息，但是实际上无法实现对变量 a 数值的判断功能。此程序无论输入的 a 值是否为 1，都输出"成功!"。

C 语言中"=="是关系运算符，用来判断两个数是否相等，a==1 是判断 a 的值是否为 1；"="是赋值运算符，a=1 是使 a 的值为 1，这时不管 a 原来是什么值，表达式的值永远为真。因此，该程序需要将 if(a=1)修改为 if(a==1)。

3.3.2　忘记必要的逻辑运算符

在数学领域中，想要判断一个数是否为(3,6)，可以直接用 3<x<6 进行表示。对于初学者来说，很容易将其应用到 C 语言的编程中。

【例 3-10】　错误使用逻辑运算符。

```
#include<stdio.h>
int main()
{
    int x;
    scanf("%d",&x);
    if (3<x<6)                     /*忘记必要的逻辑运算符*/
            printf("成功!\n");
    else
            printf("失败!\n");
    return 0;
}
```

错误分析：该程序在编译时可以顺利通过，但是无法实现对 x 数值的判断功能。例如，输入 x 的值为 7，不满足大于 3 小于 6 的条件，但是输出还是"成功!"。

C 语言中，关系运算符的结合性为从左至右。3<x<6 的求值顺序：先计算 3<x，得到一个逻辑值 0 或 1，再拿这个数与 6 作比较，结果恒为真，失去了比较的意义。对于这种情况，应使用逻辑表达式，写成 if((3<x)&&(x<6))。

3.3.3　用复合语句时漏掉大括号

【例 3-11】　漏掉大括号。

```
#include<stdio.h>
int main()
{
    int a,b,t;
    scanf("%d,%d",&a,&b);
    if(a>b)                    /*用复合语句时漏掉大括号*/
            t=a;
```

```
            a = b;
            b = t;
    printf("a = % d,b = % d\n",a,b);
    return 0;
}
```

错误分析：这种写法在程序编程过程中，没有任何报错信息，但是运行结果是错误的。由于 if 后面没有大括号，因此，if 只作用于"t＝a;"这一条语句，而不管 a＞b 是否为真，都将执行后两条语句，正确的写法应为：

```
if(a > b)
{
    t = a;
    a = b;
    b = t;
}
```

3.3.4　在不该加分号的地方加分号

if(表达式)后是没有分号的，如果误加了分号，在程序编译过程中，并不会报错，但是无法实现预定的目标。

【例 3-12】　if 表达式后多加分号。

```
# include < stdio. h >
int main()
{
    int a,b,t = 0;
    scanf(" % d, % d",&a,&b);
    if(a == b);                    / * 在不该加分号的地方加分号 * /
    t = a + b;
    printf(" % d\n,t");
return 0;
}
```

错误分析：程序的本意是如果 a 等于 b，则执行 t＝a+b，但由于 if(a+b)后跟有分号，语句"t＝a+b;"在任何情况下都执行，即当 a 不等于 b 时程序也会运行语句"t＝a+b;"。这是因为 if 后加分号相当于 if 后跟了一个空语句。正确的写法应为"if(a＝＝b) t＝a+b;"。

 技能实战

3.4　多分支选择结构程序设计应用实战

3.4.1　实战背景

东汉班固《白虎通义》言："华山为西岳者，华之为获也。万物生华，故曰华山。"华山之阳，黄河东流；其阴，坐拥秦岭。险峻奇绝，冠绝五岳。华山景区向全国游客实行门票优惠政策：对身高 120cm 及以下儿童实行门票免费；对身高 120～150cm 的儿童实行门票半价优惠。

3.4.2　实战目的

（1）变量的定义与使用。

（2）多分支 if-else if-else 语句的应用。

3.4.3　实战内容

编写一个 C 语言程序,输入不同身高,计算输出需要支付的门票价格。

3.4.4　实战过程

```
#include<stdio.h>
int main()
{
    int height,price;
    printf("请输入身高(cm):");
    scanf("%d",&height);
    if(height>=150)
        price=40;
    else if(height>=120&&height<=150)
        price=20;
    else
        price=0;
    printf("您的身高：%dcm,您需要支付：%d元\n",height,price);
    return 0;
}
```

技能实战运行结果如图 3-5 所示。

图 3-5　技能实战运行结果

3.4.5　实战意义

通过实战,掌握多分支选择语句的使用方法。

大家应该有敢于突破前人的勇气和智慧,自觉克服安于现状、不思进取的思想观念,坚持用创新的理论成果武装头脑,与时俱进,开拓创新,做出自己应有的贡献。

CHAPTER **4**

案例导读

第**4**章

循环结构程序设计

脉络导图

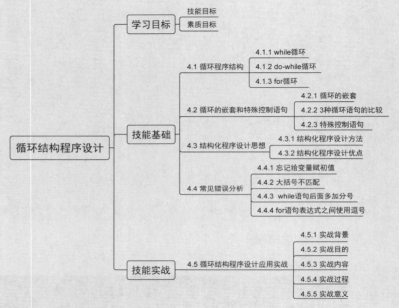

学习目标

技能目标：

（1）能熟练运用 3 种循环语句编写程序。

（2）能学会解决具体问题，编写简单的 C 语言程序。

（3）能解决初学者编写程序易犯的错误。

素质目标：

（1）通过编写程序培养学生耐心、细致、有条理的工作作风，通过调试程序培养学生面对问题时具有自信和冷静的心理素质。

（2）通过循环语句的学习，增强对学习的自信心，日积月累，必有收获。

（3）通过编程案例，培养由浅入深的思维方式和反复推敲的习惯。

4.1　循环程序结构

4.1.1　while 循环

循环是指使用一定条件对同一个程序段重复执行若干次。循环体是指被重复执行的部分(可能由若干语句组成)。while 语句的一般格式如下：

```
while(表达式)  语句
```

其中,"表达式"是循环条件；"语句"是循环体,既可以是一个简单语句,也可以是复合语句。

while 语句是"先判断,后执行",即首先计算条件表达式的值,如果表达式的值为非 0(真),则执行循环体语句。重复上述操作,直到表达式的值为 0(假)时才结束循环。如果刚进入循环时条件就不满足,则循环体一次也不执行。while 语句的执行流程如图 4-1 所示。

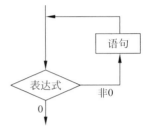

图 4-1　while 语句的执行流程

【例 4-1】　高斯是公认的世界上最重要的数学家之一,并有"数学王子"的美誉。高斯 9 岁时用很短的时间便计算出了小学老师布置的任务：对自然数从 1 到 100 的求和。

他使用的方法是对 50 对构造成和 101 的数列求和($1+100$,$2+99$,$3+98$,…),得到计算结果：5050。用 C 语言循环控制语句如何实现 $1+2+3+\cdots+100$ 的值？

```c
# include < stdio.h>
int main()
{
    int i = 1, sum = 0;    /* 存储和的变量 sum 一般要初始化为 0 */
    while(i <= 100)        /* 当满足条件 i <= 100 时,程序将不断执行下面的复合循环体语句 */
    {
        sum = sum + i;     /* 将当前的 i 值加到 sum 中 */
        i++;               /* 将变量 i 自增 1 */
    }
    printf("sum = % d",sum);
    return 0;
}
```

运行结果：

```
sum = 5050
```

程序说明：定义变量 sum 和变量 i,分别存放累加的和及循环次数,累加和变量 sum 赋初值 0,循环次数 i 赋初值 1。while 循环求和,先将 i 加到 sum 中,再将 i 自增 1。反复执行循环体,直到 i 大于 100 跳出循环。

【例 4-2】　统计从键盘输入一行字符的个数,输入回车符结束。

```
#include<stdio.h>
int main()
{
    int n = 0;
    printf("input a string: \n");   /*提示信息*/
    while(getchar()!= '\n')          /*循环条件是当输入的字符不是回车符时执行循环体语句*/
        n++;
    printf(" % d",n);                /*当循环结束后,输出变量 n 的值*/
    return 0;
}
```

运行结果:

```
in put a string:
I love China!
13
```

程序说明:程序中的循环条件为 getchar()!= '\n',其意义是,只要从键盘输入的字符不是回车符就继续循环。循环体"n++"对输入字符个数进行计数,从而实现了对输入一行字符的字符个数计数。

名师点睛

(1) while 语句中的表达式一般是关系表达式或逻辑表达式,只要表达式的值为真(非0)即可继续循环。

(2) 循环体如果包括一条以上的语句,则必须用{}括起来,组成复合语句。

(3) 一定要有语句修改表达式的值,使其有结果为 0,否则将出现"死循环"。

4.1.2　do-while 循环

do-while 语句的一般格式如下:

```
do
循环体语句
while(表达式);
```

首先执行循环体语句一次,然后计算表达式的值,若为真(非 0)则继续执行循环体语句,再计算表达式的值,当表达式的值为假(0)时,终止循环,执行 do-while 语句后的下一条语句。do-while 语句的执行流程如图 4-2 所示。

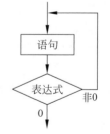

图 4-2　do-while 语句的执行流程

名师点睛

do-while 语句与 while 语句的区别在于 do-while 语句是先执行后判断,因此 do-while 语句至少要执行一次循环体,而 while 语句是先判断后执行,如果条件不满足,则一次循环体语句也不执行。

【例 4-3】　用 do-while 循环求 $1+2+3+\cdots+100$ 的值。

```
# include < stdio. h >
int main()
{
    int i = 1,sum = 0;
    do
    {
        sum = sum + i;
        i++;
    }while(i <= 100);                    /* 当 i 小于或等于 100 时执行循环体 */
    printf("sum = % d",sum);
    return 0;
}
```

运行结果：

```
sum = 5050
```

程序说明：定义变量 sum 和变量 i,累加和变量 sum 赋初值 0,循环次数 i 赋初值 1。do-while 循环求和,先将 i 加到 sum 中,再将 i 自增 1。反复执行循环体,直到 i 大于 100 跳出循环。

【例 4-4】　统计输入整数的个数(输入−1 时结束,并且−1 不统计在内)。

```
# include < stdio. h >
int main()
{
    int i = 0,num;
    do
    {
        scanf(" % d",&num);
        i++;
    }while(num!= − 1);                    /* 当输入的 num 不等于 − 1 时,执行循环体 */
    printf("输入整数的个数是 % d\n",i-1);
    return 0;
}
```

运行结果：

```
1 88 − 1
输入整数的个数是 2
```

程序说明：程序中的循环条件为"while(num!=−1);",其意义是,只要从键盘输入的整数不是−1 就继续循环。循环体"i++"对输入整数个数进行计数,输出 i−1,是因为根据题目要求−1 不能统计在内。

4.1.3　for 循环

for 语句的一般格式如下：

```
for(表达式 1; 表达式 2; 表达式 3)    循环体语句
```

其中,表达式 1 称为初始化表达式,用于给出循环初值;表达式 2 称为条件表达式,用于给出循环条件;表达式 3 称为修正表达式,用于控制变量的变化,多数情况下为自增或自减表达式,实现对循环变量值的修正。表达式 3 是在执行完循环体后才执行的。

因此,for 语句可以理解为:

```
for(循环变量赋初值 1; 循环条件; 修正循环变量)
{循环体语句}
```

for 语句的执行过程如下:

(1) 计算表达式 1 的值。

(2) 计算表达式 2 的值,若值为真(非 0),则执行循环体一次,否则跳出循环。

(3) 计算表达式 3 的值,转回第(2)步重复执行。

在整个 for 循环过程中,表达式 1 只计算一次,表达式 2 和表达式 3 则可能计算多次。循环体可能多次执行,也可能一次都不执行。

for 语句的执行流程如图 4-3 所示。

在循环语句中,for 语句最为灵活,不仅可以用于循环次数已经确定的情况,也可以用于循环次数虽不确定但给出了循环继续条件的情况,它可以完全代替 while 语句,所以 for 语句在循环语句中也最为常用。

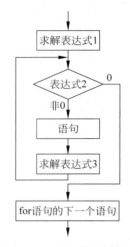

图 4-3   for 语句的执行流程

名师点睛

(1) for 语句可以转换为 while 语句:

```
表达式 1;
while(表达式 2)
{
    语句
    表达式 3;
}
```

(2) for 语句中的各个表达式都可以省略,但分号间隔符不能少。例如,for(;表达式;表达式)省去了表达式 1;for(表达式;;表达式)省去了表达式 2;for(表达式;表达式;)省去了表达式 3;for(; ;)省去了全部表达式。

(3) 表达式 1 赋初值只执行一次。

【例 4-5】 用 for 循环求 1+2+3+…+100 的值。

```
# include< stdio. h>
int main()
{
    int i,sum = 0;
    for(i = 1; i < = 100; i++)                    /* 当 i 小于或等于 100 时执行循环体 */
```

```
        sum = sum + i;                              /* 循环体语句 */
    printf("sum = % d",sum);
    return 0;
}
```

运行结果：

```
sum = 5050
```

程序说明：程序第 1 次执行到 for 语句时,先执行表达式"i＝1;",对循环变量 n 赋初值,然后执行表达式"n＜＝100;",判断循环变量是否满足循环条件,由于条件为真,故执行循环体"sum＝sum＋i;",最后回到 for 处执行循环变量增值 i＋＋,接着又执行"n＜＝100;",条件为真,接着执行"sum＝sum＋i;",如此反复,直到条件不为真为止。

【例 4-6】　韩信点兵与中国剩余原理。

相传汉高祖刘邦问大将军韩信统御的士兵具体有多少人,韩信答道:"每 3 人一列余 1 人,5 人一列余 2 人,7 人一列余 4 人,13 人一列余 6 人,17 人一列余 2 人,19 人一列余 10 人。"汉高祖听后一头雾水,不知所措。假设你是刘邦的智囊,你能帮汉高祖解决这个问题吗? 能算出韩信至少统御了多少士兵吗?

```
# include < stdio. h >
int main()
{
    int i;
    long x = 1;
    for(i = 1; ; i++)                /* 省略表达式 2 循环条件判断 */
        if(x % 3 == 1&&x % 5 == 2&&x % 7 == 4&&x % 13 == 6&&x % 17 == 2&&x % 19 == 10)
            break;
        else
            x++;
    printf("韩信统御的士兵最少有 % ld 名.\n",x);
    return 0;
}
```

运行结果：

```
韩信统御的士兵最少有 425 002 名.
```

程序说明：设一个正整数,被 3 除余数为 1,被 5 除余数为 2,被 7 除余数为 4,被 13 除余数为 6,被 17 除余数为 2,被 19 除余数为 10,求出这类数中的最小值。因此,可以从最小的自然数开始,一个一个地累加,如果它满足条件,就结束循环。这样的问题,也叫"中国剩余定理"。

【例 4-7】　编写程序计算 0.99 和 1.01 的 365 次方。

```
# include < stdio. h >
int main()
{
    int day;
    double active = 1.01, slack = 0.99;
    double y1 = 1, y2 = 1;
```

```
    for (day = 1; day < = 365; day++)                    /* 循环条件 */
    {
        y1 = y1 * active;
        y2 = y2 * slack;                                 /* 每乘一次,衰减一次 */
    }
    printf("每天进步一点点,一年后为 % f\n",y1);
    printf("每天懒惰一点点,一年后为 % f\n",y2);
    return 0;
}
```

运行结果：

```
每天进步一点点,一年后为 37.783 434
每天懒惰一点点,一年后为 0.025 518
```

🔑 4.2   循环的嵌套和特殊控制语句

4.2.1   循环的嵌套

循环的嵌套是指一个循环体内又包含另一个完整的循环结构,也称多重循环。内嵌的循环中还可以嵌套循环,形成多重循环。一个循环的外面包含一层循环称为双重循环。

for 语句、while 语句、do-while 语句本身可以嵌套,也可以相互嵌套,自由组合,构成多重循环。但需要注意的是,各个循环必须完整包含,相互之间绝对不允许有交叉现象。

(1) 格式 1。

```
for()
{   …
while()
{ … }
…
}
```

(2) 格式 2。

```
do
{   …
    for()
    { … }
…
}while();
```

(3) 格式 3。

```
while()
{   …
    for()
    { … }
    …
}
```

（4）格式 4。

```
for()
{   …
   `for()
{ … }
        }
```

4.2.2　3 种循环语句的比较

（1）while 语句和 for 语句都是先判断后循环，而 do-while 语句是先循环后判断。do-while 语句循环要执行一次循环体，而 while 语句和 for 语句在循环条件不成立时，循环体一次也不执行。

（2）while 语句和 do-while 语句的表达式只有一个，控制循环结束的作用，循环变量的初值等都用其他语句完成；for 语句可有 3 个表达式，不仅有控制循环结束的作用，还可给循环变量赋初值。

（3）3 种循环都能嵌套，而且它们之间还能混合嵌套。

（4）3 种循环都能用 break 结束循环，用 continue 开始下一次循环。

（5）对于同一问题，3 种语句均可解决，但方便程度视具体情况而异。

【例 4-8】　编写程序在屏幕上输出下三角九九乘法表。

```c
#include<stdio.h>
int main()
{
    int i,j;                        /* i 为行,j 为列 */
    for(i=1; i<=9; i++)             /* i 控制乘法表的行数 */
    {
        for(j=1; j<=i; j++)         /* j 控制乘法表的列数 */
            printf("%d*%d=%-5d",i,j,i*j);
        printf("\n");               /* 换行 */
    }
    return 0;
}
```

下三角九九乘法表运行结果如图 4-4 所示。

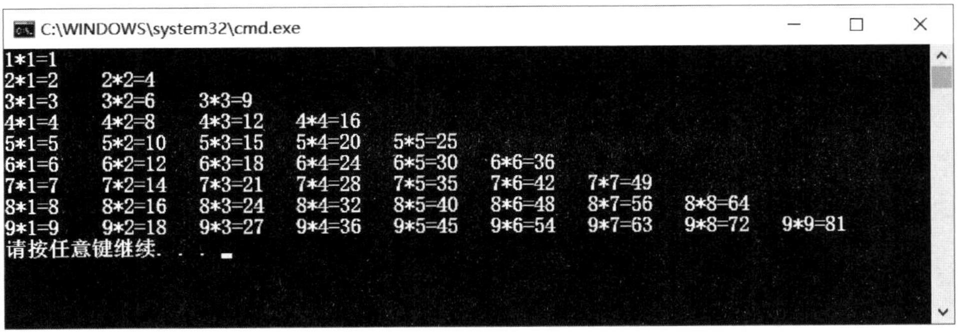

图 4-4　下三角九九乘法表

程序说明：乘法表第 1 行输出的是 $1*1=1$，第 2 行输出的是 $2*1=2$ $2*2=4$，第 3 行输出的是 $3*1=3$ $3*2=6$ $3*3=9$，以此类推。可发现每行上面各个式子的第一个数值不变，第二个数值从 1 变化到与第一个数相同的值。所以可以设置两个整型变量 i 和变量 j，i 为外层循环体变量，j 为内层循环体变量，让 i 从 1 循环到 9，而 j 从 1 循环到 i，这样在内层循环内输出 i、j 和 $i*j$ 的值即可。

【例 4-9】 编写程序首先输入正确的密码进入游戏，如果密码输入 3 次错误则退出程序。密码通过后，每次输入一个数字，系统会给出相应的提示，如"数值太小了""数值太大了""对不起，只大了一点！""对不起，只小了一点"等信息，提示用户输入下一个数字范围，当输入的数值正确时，结束程序。

```c
# include < stdio. h >
int main()
{
    int i = 0, password = 0, number = 0, price = 58;       /* price 为给定的数字 */
    printf("\n ====== 这是一个猜数字游戏!====== \n");
    while(password!= 1234)                                  /* 判断密码是否正确 */
    {
        if(i > 3)                                           /* 输入次数超过 3 次,程序退出 */
            return 0;
        i++;
        printf("请输入密码:");
        scanf(" % d", &password);
    }
    i = 0;
    while(number!= price)                        /* 当所猜数字 number 不等于给定数字 price 时 */
    {
        do{
            printf("请输入一个整数(1~100 ):");
            scanf(" % d", &number);
            printf("您输入的数是: % d.", number);
        }while(!(number > = 1&&number < = 100));  /* 数字在 1 到 100 之间正确范围时 */
        if(number > = 90)                          /* 输入数值太大 */
            printf("数值太大了!按任意键重试!\n");
        else if(number > = 70&&number < 90)        /* 输入数值大一些 */
            printf("数值大了些!按任意键重试!\n");
        else if(number > = 1&&number < = 30)        /* 输入数值太小 */
            printf("数值太小了!按任意键重试!\n");
        else if(number > 30&&number < = 50)         /* 输入数值小一些 */
            printf("数值小了些!按任意键重试!\n");
        else
        {
            if(number == price)                    /* 输入数值等于给定数字 */
                printf("太好了!您猜对了!再见!\n");
            else if(number < price)                /* 输入数值只小了一点 */
                printf("对不起,只小了一点!按任意键重试!\n");
            else if(number > price)                /* 输入数值只大了一点 */
                printf("对不起,只大了一点!按任意键重试!\n");
        }
        getchar();                                 /* 读取下一个字符 */
    }
    return 0;
}
```

猜数字游戏运行结果如图 4-5 所示。

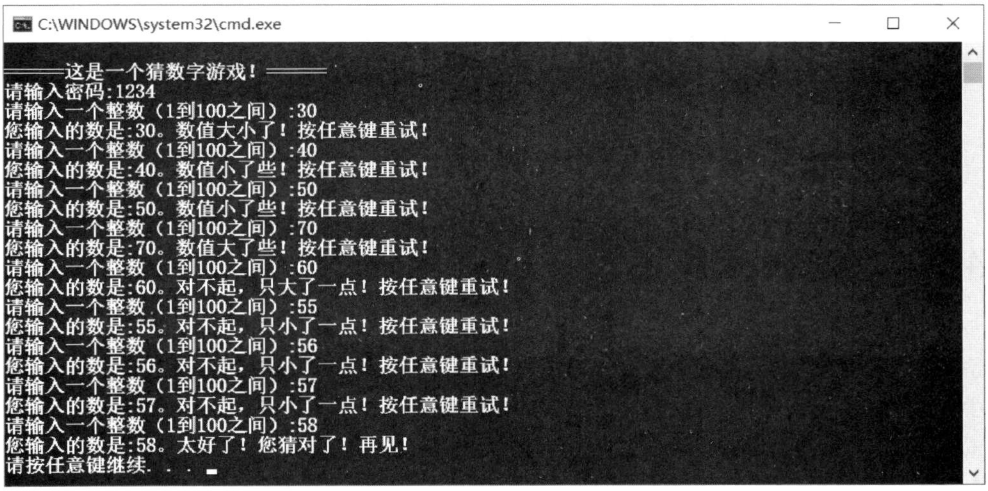

图 4-5　猜数字游戏运行结果

程序说明：先使用 while 循环语句控制输入密码的过程，如果密码 3 次输入错误，则给出提示信息并退出程序。密码通过后，使用 while 语句控制程序流程，如果输入的数值不等于程序给定的值，则程序一直循环运行下去，直到猜中给定的值。在这层 while 内部又用 do-while 语句控制输入值的范围，如果输入值不在 1 和 100 之间，就要求重新输入。然后又通过 if-else 语句判断输入值的范围，并给出相应的提示信息，直到猜中给定值，程序结束。

【例 4-10】　百钱百鸡问题：假设 1 只公鸡卖 5 文钱，1 只母鸡卖 3 文钱，3 只小鸡卖 1 文钱，如果用 100 文钱买 100 只鸡，问公鸡、母鸡和小鸡各占多少只？

```
#include <stdio.h>
int main()
{
    int i,j,k;
    for(i = 0; i <= 20; i++)
        for(j = 0; j <= 33; j++)
            for(k = 0; k <= 100; k++)
                if(i + j + k == 100&&5 * i + 3 * j + k/3 == 100&&k % 3 == 0)    /* 当 3 种鸡数
量之和等于 100,且每种鸡的数量乘以钱数也等于 100,小鸡的数量为 3 的倍数 */
                    printf("公鸡数为: %d,母鸡数为: %d,小鸡数为: %d\n",i,j,k);
    return 0;
}
```

程序说明：一共要买 100 只鸡，假设公鸡、母鸡和小鸡的数量为 i、j 和 k，i + j + k == 100 成立。又因为一共是 100 文钱买 100 只鸡，所以每种鸡的数量乘以其花的钱数之和为 100 文钱，5 * i + 3 * j + k/3 == 100 成立。C 语言中的"/"两侧都是整数时，运算为整除，结果不准确，而 3 只小鸡卖 1 文钱，所以小鸡的数量 k 应该是 3 的倍数，k % 3 == 0 成立。这 3 个等式同时成立时 i、j 和 k 值即为符合条件的 3 种鸡的数量。

百钱百鸡运行结果如图 4-6 所示。

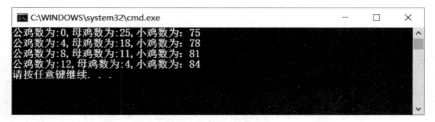

图 4-6   百钱百鸡运行结果

4.2.3   特殊控制语句

1. break 语句

break 语句只能用在循环语句和多分支选择结构 switch 语句中，当 break 语句用于 switch 语句中时，可使程序跳出 switch 语句而继续执行 switch 语句下面的一个语句；当 break 语句用于 while 语句、do-while 语句和 for 循环语句中时，可用于从循环体内跳出，即使程序提前结束当前循环，转而执行该循环语句的下一个语句。break 语句的一般格式如下：

```
break;
```

break 语句对于减少循环次数、加快程序执行起着重要的作用。

【例 4-11】   计算满足条件的最大整数 i，使得 $1+2+3+\cdots+i \leqslant 10\,000$。

```
# include < stdio. h >
int main()
{
    int i, sum = 0;
    for (i = 1; ; i++)
    {
        sum = sum + i;
        if (sum > 10000)          /* 当 sum > 10 000 时跳出循环 */
            break;
    }
    printf("最大整数 i 为 % d, 使得 1 + 2 + 3 + … + i < = 10 000\n", i - 1);
    return 0;
}
```

运行结果：

最大整数 i 为 140，使得 $1+2+3+\cdots+i \leqslant 10\,000$

程序说明：由于 for 语句省略了表达式 2，因此，如果没有 break 语句，程序将无限循环下去，成为死循环。当 i 为 141 时，sum 的值为 10011，if 语句中的关系表达式 sum>10 000 为"真"，于是执行 break 语句，跳出 for 循环，执行输出 i-1 的值。

L⊙**⊙**k 名师点睛

（1）break 语句需要一个特殊的条件来终止循环。在多层循环中，一个 break 语句只能向外跳一层。

（2）break 语句不能用于除循环语句和 switch 语句之外的其他语句中。

---

2. continue 语句

continue 语句的作用为结束本次循环,即跳过循环体中尚未执行的语句,接着进行循环条件的判定。continue 语句的一般格式如下:

```
continue;
```

【例 4-12】　输出 1~50 中能被 6 整除的数。

```
# include< stdio.h>
int main()
{
    int n;
    for (n = 1; n< = 50; n++)
    {
        if (n % 6!= 0)                /* 判断 n 能否被 6 整除 */
            continue;                 /* 当 n 不能被 6 整除时跳出本次循环 */
            printf(" % 3d",n);        /* 格式 % 3d 表示输出值占 3 个宽度 */
    }
    return 0;
}
```

运行结果:

```
 6 12 18 24 30 36 42 48
```

程序说明:已知循环次数的情况下,可以设循环变量 n 从 1 到 50 进行循环,然后判断每个自然数 n 是否能被 6 整除,将满足条件"n%6＝＝0"的数进行输出。

名师点睛

continue 语句和 break 语句的区别如下:

(1) continue 语句只能用于 while 语句、do-while 语句和 for 循环语句中,用来加速循环。而 break 语句既可以用于 while 语句、do-while 语句和 for 循环语句中,又可以用于多分支选择结构 switch 语句中。

(2) continue 语句只结束本次循环,而不终止整个循环的执行,而 break 语句则结束整个循环过程,不再判断执行条件是否成立。

---

3. goto 语句

goto 语句是无条件转移语句,使程序跳转到函数中任何有标号的语句处。goto 语句的一般格式如下:

```
goto  <语句标号>;
```

goto 语句通常与 if 语句连用,在满足某一条件时,程序跳转到标号处执行。

【例 4-13】　goto 语句的用法。

```
# include< stdio.h>
int main()
```

```
{
    int i = 1,n,sum = 0;
    printf("请输入 n 的值");
    scanf(" % d",&n);
loop: if(i < = n)
    {
        sum += i;
        i++;
        goto loop;
    }
    printf("s = % d\n",sum);
    return 0;
}
```

运行结果:

```
请输入 n 的值: 100
s = 5050
```

程序说明:此处循环用 goto 语句实现,首先判断 i 是否小于或等于 n,如果小于或等于则累加,继而 i 自身加 1,然后再转去判断 i 小于或等于 n 是否成立,如此循环,直到 i 大于 n 后结束循环。

LOOK 名师点睛

(1) 使用 goto 语句易打乱控制语句,造成程序结构不清晰,初学者应尽量限制使用。

(2) goto 语句的跳转只能在函数内部,不能在不同的函数之间进行。

(3) goto 语句可以用其他语句替代。

因此,仅在可以简化控制流且提高程序执行效率的情况下使用 goto 语句。

4.3　结构化程序设计思想

4.3.1　结构化程序设计方法

一个结构化程序就是用高级语言表示的结构化算法。用 3 种基本结构组成的程序必然是结构化的程序,这种程序便于编写、阅读、修改和维护,可以减少程序出错的机会,提高程序的可靠性,保证程序的质量。

结构化程序设计强调程序设计的风格和程序结构的规范化,提倡清晰的结构。

结构化程序设计方法的基本思路:把一个复杂问题的求解过程分阶段进行,每个阶段处理的问题都控制在人们容易理解和处理的范围内。具体来说,就是采取自顶向下、逐步细化、模块化设计和结构化编码来保证得到结构化的程序。

4.3.2　结构化程序设计优点

(1) 结构化构造减少了程序的复杂性,提高了程序的可靠性、可测试性和可维护性。

(2) 使用少数基本结构,使程序结构清晰、易读易懂。

(3) 容易验证程序的正确性。

4.4 常见错误分析

4.4.1 忘记给变量赋初值

在计算累加或阶乘问题时,初学者很容易忘记给变量赋一个合理的初值。

【例 4-14】 变量未赋初值。

```
#include<stdio.h>
int main()
{
    int i,s;              /*变量 s 未赋初值*/
    for(i=1; i<=10; i++)
    {
        s=s*i;
        printf("s=%d\n",s);
    }
    return 0;
}
```

编译报错信息如图 4-7 所示。

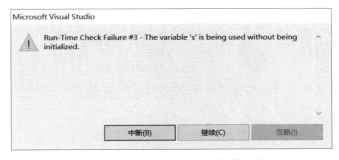

图 4-7 变量未赋初值编译报错信息

错误分析:错误提示存储积的变量 s 没有赋初值,令 s=1,即可正确编译、运行。

4.4.2 大括号不匹配

由于各种控制结构的嵌套,有些左右大括号相距可能较远,这就可能会忘掉右侧的大括号而造成大括号不匹配。

【例 4-15】 丢失右大括号。

```
#include<stdio.h>
int main()
{
    int i,s;
    for(i=1; i<=10; i++)
    {
        s=s*i;
        printf("s=%d\n",s);                      /*右大括号丢失*/
    return 0;
}
```

编译报错信息如图 4-8 所示。

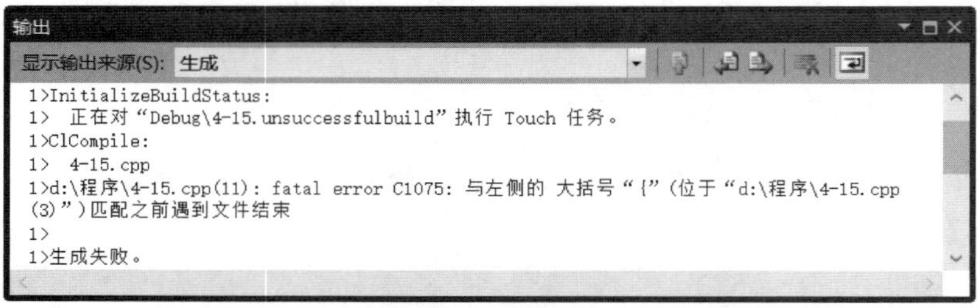

图 4-8　右大括号丢失编译报错信息

错误分析:错误提示"与左侧的大括号'{}'(位于'd:\程序\4-15.cpp(3)')匹配之前遇到文件结束",就要考虑是否漏掉了大括号。

名师点睛

当各种控制结构的嵌套比较多时,可以在括号后加上表示层次的注释。例如:

```
while()
{   …           / * 1 * /
    while() {…  / * 2 * /
        if(){…  / * 3 * /
        }       / * 3 * /
… }             / * 2 * /
… }             / * 1 * /
```

每次遇到嵌套左括号时就把层次加1,遇到右括号时就把层次减1。如果最后的右括号的层次号不是1,可以肯定有括号丢失。

4.4.3　while 语句后面多加分号

使用 while 语句时,初学者容易给 while 语句后多加分号。

【例 4-16】 while 语句后多加分号。

```c
# include < stdio. h>
int main()
{
    int i = 1,s = 1;
    while(i <= 10);          / * while 语句后多加分号 * /
    {
        s = s * i;
        i++;
        printf("s = % d\n",s);
    }
    return 0;
}
```

错误分析:编译过程中没有任何报错信息,但是程序不能输出结果,是因为"while(i<=10);"多加了分号,相当于一条空语句,条件成立,程序不执行任何操作。

4.4.4　for 语句表达式之间使用逗号

使用 for 语句时,初学者容易将 for 语句括号内的表达式用逗号隔开。

【例 4-17】　for 语句表达式之间用逗号隔开。

```
# include < stdio. h >
int main()
{
    int i,s = 1;
    for(i = 1,i < = 10,i++)              /* 表达式之间用逗号隔开 */
    {
        s = s * i;
        printf("s = % d\n",s);
    return 0;
}
```

编译报错信息如图 4-9 所示。

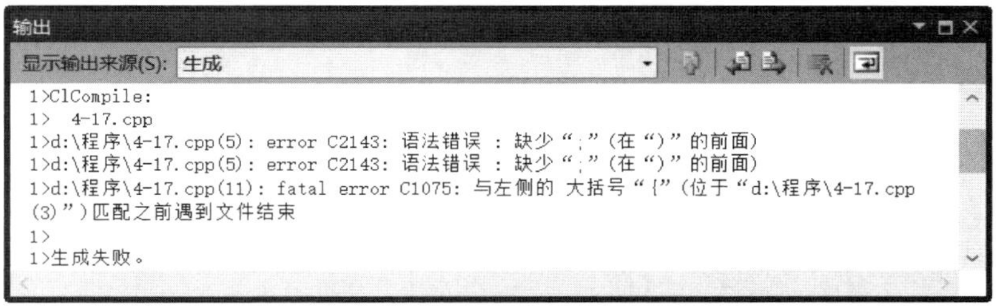

图 4-9　for 语句表达式之间用逗号隔开编译报错信息

错误分析:因为 for 语句中表达式之间使用了“,”,因此提示缺少“;”。

 技 能 实 战

视频讲解

4.5　循环结构程序设计应用实战

4.5.1　实战背景

2013 年 1 月 16 日,北京一个名为 IN_33 的团体发起“光盘行动”的公益活动。“光盘行动”的宗旨是:餐厅不多点、食堂不多打、厨房不多做,倡导厉行节约,反对铺张浪费,引导大家珍惜粮食,制止餐饮浪费行为。活动一经提出,就得到社会各方的大力支持。

2018 年世界粮食日,光盘打卡应用系统在清华大学正式发布。参与者用餐后手机拍照打卡,经由人工智能识别为“光盘”后可获得积分奖励,通过这种奖励的方式逐步引导人们养成节约的习惯,让中华民族勤俭节约的传统美德在新时代发扬光大。

4.5.2　实战目的

(1) 掌握 for 语句实现循环结构程序设计的方法。
(2) 理解多分支选择结构和 for 语句的执行过程。

4.5.3   实战内容

"光盘行动餐饮系统"是一个具有点餐、进餐和结算功能的系统。在"点餐"功能模块中，根据人数点餐，每人限点 1 份。在"进餐"功能模块中，通过显示语句进行模拟。在"结算"功能模块中，模拟 AI 机器人，通过扫描盘中剩余食品克数进行费用计算：如果总剩余量小于或等于 50g，则总餐费打七折；如果总剩余量小于或等于 100g，则总餐费打八折；如果总剩余量小于或等于 150g，则总餐费打九折；如果总剩余量大于 150g，则总餐费为应付餐费的1.5 倍。

4.5.4   实战过程

```c
#include< stdio.h >
int main()
{
    int i,num,money = 0,time = 15,residus;
    float price,total = 0,pay = 0;
    char food;
    printf("欢迎光临<<节约光荣,浪费可耻>>餐馆,本餐馆实行'光盘行动',请大家遵守以下规则: \n");
    printf("1.根据人数进行点餐,每人限点餐 1 份。\n");
    printf("2.进餐时间为人数 * 15 分钟。\n");
    printf("3.根据剩余食品克数进行收费: \n");
    printf(" **** 如果总剩余量小于或等于 50g,则总餐费打七折 **** \n");
    printf(" **** 如果总剩余量小于或等于 100g,则总餐费打八折 **** \n");
    printf(" **** 如果总剩余量小于或等于 150g,则总餐费打九折 **** \n");
    printf(" **** 如果总剩余量大于 150g,则总餐费为应付餐费的 1.5 倍。\n");
    printf("光盘行动,从我做起!\n");
    printf("请输入进餐人数:");
    scanf(" % d",&num);                          /* 输入进餐人数 */
    printf("请点餐 % d 份,注意荤素搭配!\n",num);
    for(i = 1; i < = num; i++)
    {
        printf("请输入您的第 % d 份餐品:",i);
        scanf(" % s",&food);                     /* 输入餐品的名称 */
        printf("请服务员报价:");
        scanf(" % f",&price);                    /* 输入餐品的价格 */
        total = total + price;
    }
    printf("您一共消费 % .1f 元\n",total);
    time = num * 15;                             /* 计算进餐的时间 */
    printf("现在是您的用餐时间,时间为 % d 分钟。\n",time);
    printf(" ====== 进餐中...====== \n");
    printf("现在请 AI 机器人扫描您盘中剩余食物: \n");
    printf("请 AI 机器人报剩余食物克数:");
    scanf(" % d",&residus);                      /* 输入剩余食物的克数 */
    if(residus > = 0&&residus < = 50)            /* 剩余食物的克数小于或等于 50 */
        pay = total * 0.7;
    else if(residus > 50&&residus < = 100)       /* 剩余食物的克数小于或等于 100 */
        pay = total * 0.8;
    else if(residus > 100&&residus < = 150)      /* 剩余食物的克数小于或等于 150 */
        pay = total * 0.9;
```

```
    else if(residus > 150)        /* 剩余食物的克数大于 150 */
        pay = total * 1.5;
    printf("您最终需要支付 % .1f 元\n",pay) ;
    printf("感谢您为光盘行动做的贡献,欢迎下次光临!") ;
    return 0;
}
```

技能实战运行结果如图 4-10 所示。

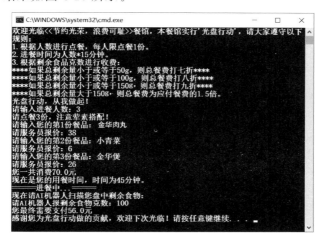

图 4-10 技能实战运行结果

4.5.5 实战意义

本案例模拟"光盘行动"号召下的餐饮系统,综合前面所学知识进行设计和模拟。通过该案例,可以很好地理解和掌握数据类型和程序控制结构。当然,该案例所实现的功能较为简单,但是随着后续知识的学习,可以实现更复杂、更真实的餐饮系统。

"历览前贤国与家,成由勤俭破由奢。"尽管现在的物质资源逐渐丰富,但勤俭节约的观念和习惯仍未过时,也绝不能丢,必须要将勤俭节约的观念根植于心,付之于行,坚决杜绝浪费行为。"光盘行动"不只是打包剩菜剩饭,还要适量点餐,展现尊重劳动的品德,合理消费的意识。大家一起共同告别舌尖上的铺张,避免资源浪费。

第5章

函 数

CHAPTER **5**

案例导读

脉络导图

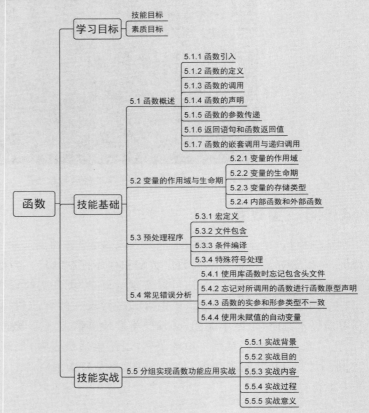

学习目标

技能目标：

（1）能编写和阅读模块化结构程序。

（2）掌握函数的定义及调用方式。

（3）掌握局部变量和全局变量的区别和典型用法。

（4）掌握运用函数处理多个任务的能力。

素质目标：

（1）通过学习函数和模块化程序设计思想，培养学生在工作、生活中遇到困难时,能够积极面对,将大问题划分成小问题依次去解决。

(2) 通过学习预处理程序,使学生明白不打无准备之仗。现在要好好学习专业知识,这样在工作中才能更好地完成任务。

(3) 通过程序常见错误分析与改正,使学生明白更加美好的人生需要积累、不断改正不足,争取进步。

(4) 通过递归函数的学习,明白把一个大型复杂的任务拆分成一个个小任务进行处理的重要性。

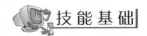 技 能 基 础

5.1　函数概述

5.1.1　函数引入

前几章内容已涉及函数的概念，例如，标准输入函数 scanf()、标准输出函数 printf()及其他函数。这类函数称为 C 语言的标准库函数，是由 C 语言开发环境事先提供给编程人员的。编程人员实际编程时只需调用这些函数即可，至于这些函数是如何实现功能的编程人员不必知晓。有了 C 语言的标准库函数，编程人员既加强了所编程序的功能，又提高了编程效率。但在实际编程中，若程序的规模比较大，将所有代码都写在 main()函数中，会使main()函数变得十分庞杂，不易于程序的阅读和维护。这时可以利用函数将程序划分成多个小的模块，从而方便理解和修改程序。

模块化程序设计思想是指将一个较大的程序分为若干程序模块，每个模块用来实现一个特定的功能。在 C 语言中，用函数来实现模块的功能。一个 C 程序可由一个 main()函数和若干其他函数构成。由 main()函数调用其他函数，其他函数可以相互调用。同一个函数可以被一个或多个函数调用任意次。例如，在学校组织学生打扫教室卫生这项活动中，一般由老师组织学生来进行。其中，一部分学生擦窗户，一部分学生擦桌子，一部分学生扫地。编写程序就像打扫卫生一样，main()函数如同组织学生的老师，功能是控制每一步程序的执行，定义的其他函数就好比是各部分学生，分别完成特定的功能。

在 C 语言中，可以从不同的角度对函数分类。

1. 从函数定义角度看

函数可分为库函数和用户定义函数两种。

（1）库函数。

库函数是由系统提供的，用户不必自己定义，也不必在程序中做类型说明，只需在程序前包含该函数原型的头文件，即可在程序中直接调用。例如，调用 printf()函数和 scanf()函数时需要在程序开头包含 stdio.h 头文件；调用 sqrt()函数和 log()函数时需要包含math.h 头文件；调用 strcpy()函数和 strlen()函数时需要包含 string.h 头文件。

（2）用户定义函数。

用户定义函数是由用户按需要编写的函数。对于用户定义函数，不仅要在程序中定义函数本身，而且在主调函数模块中还必须对该被调函数进行类型说明，然后才能使用。

2. 从对函数返回值的需求状况看

C 语言函数可分为有返回值函数和无返回值函数两种。

（1）有返回值函数。

此类函数被调用执行完成后将向调用者返回一个执行结果，称为函数返回值，例如，数学函数。由用户定义的需要返回函数值的函数，必须在函数定义和函数说明中明确返回值的类型。

（2）无返回值函数。

此类函数用于完成某项特定的处理任务，执行完成后不向调用者返回函数值。这类函数并非真的没有返回值，程序设计者也不关心它，此时关心的是它的处理过程。由于函数无须返回值，用户在定义函数时，可指定它的返回为"空类型"，说明符为 void。

3．从主调函数和被调函数之间数据传送的角度看

C 语言函数可分为无参函数和有参函数。

（1）无参函数。

无参函数指函数定义、函数说明及函数调用中均不带参数，主调函数和被调函数之间不进行参数传送。函数通常用来完成一组指定的功能，可以返回或不返回函数值。

（2）有参函数。

有参函数指在函数定义及函数说明时都有参数，称为形式参数（简称"形参"）。在函数调用时也必须给出参数，称为实际参数（简称"实参"）。进行函数调用时，主调函数将把实参的值传送给形参，供被调函数使用。

4．从功能角度看

C 语言提供了极为丰富的库函数，这些库函数又可从功能角度分为多种类型。在 C 语言中，所有的函数定义都是平行的，也就是说，在一个函数的函数体内，不能再定义另一个函数，即不能嵌套定义。但函数之间允许相互调用，也允许嵌套调用，习惯上把调用者称为主调函数。函数还可以自己调用自己，称为递归调用。main()函数是主函数，它可以调用其他函数，而不允许被其他函数调用。

LOOK 名师点晴

　C 程序的执行总是从 main()函数开始，完成对其他函数的调用后再返回 main()函数，最后由 main()函数结束整个程序。一个 C 源程序必须有且只能有一个 main()函数。

5.1.2　函数的定义

函数定义的一般格式如下：

```
函数类型 函数名(形参及其类型)
{
    局部变量定义语句；
    可执行语句序列；
}
```

其中：

（1）函数类型是指函数返回值的数据类型，可以是基本数据类型、void 类型、指针类型等。

（2）函数名是一个有效、唯一的标识符，符合标识符的命名规则。函数名不仅用来标识函数、调用函数，同时它本身还存储着该函数的内存首地址。

（3）形参是实现函数功能所要用到的传输数据，它是函数间进行交流通信的唯一途径。

由于形参是由变量充当的,因此必须定义类型。定义形参时,在函数名后的括号中定义。形参可以为空,表示没有参数,也可以由多个参数组成,参数之间用逗号隔开。

(4) 函数体是由{}括起来的一组复合语句,一般包含两部分:声明部分和执行部分。其中,声明部分主要是完成函数功能时所需要使用的变量的定义,执行部分则是实现函数功能的主要程序段。

(5) 对于有返回值的函数,必须用带表达式的 return 语句来结束函数的运行,返回值的类型应与函数类型相同。如果 return 语句中表达式的值与函数定义的类型不一致,则以函数定义类型为准,并自动将 return 语句中的表达式的值转换为函数返回值的类型。

【例 5-1】 编写程序,计算两个整数的差。

```c
# include < stdio. h>
int subtract( int i, int j)          /* 自定义函数 subtract() */
{
    int result;
    result = i − j;
    return result;
}
```

程序说明:subtract()函数是用户自定义函数,函数类型为整型,函数名为 subtract,形参为整型变量 i 和变量 j;函数体是实现 subtract()函数功能的语句块,计算两个整数的差。

【例 5-2】 不带参数的函数定义,且函数无返回值。

```c
void printmsg()
{
    printf("hello world");
}
```

程序说明:printmsg()函数无参数,函数名 printmsg 前标注了 void,表示函数无返回值,没有 return 语句,因此函数执行完 printf 语句后自动返回。

5.1.3　函数的调用

函数的使用是通过函数调用语句来完成的。函数调用是指一个函数暂时中断本函数的运行,转去执行另一个函数的过程。C 语言是通过 main()函数来调用其他函数的,其他函数之间可相互调用,但不能调用 main()函数。函数被调用时获得程序控制权,调用完成后,返回到调用函数中断处继续运行。函数调用的一般格式如下:

```
函数名(实参列表)
```

LOOK 名师点睛

(1) 实参可以是常量、有确定值的变量或表达式及函数调用。

(2) 实参的个数必须与形参的个数一致。实参的个数多于一个时,各实参之间用逗号隔开。

(3) 若调用无参函数,则"实参列表"可以没有,但括号不能省略。

按被调用函数在 main() 函数中出现的位置和完成的功能进行划分,函数调用有以下 3 种方式。

(1) 把函数调用作为一个语句。例如,"printf("sum=%d\n",sum);"以独立函数语句的方式调用函数。

(2) 在表达式中调用函数,这种表达式称为函数表达式。例如,"c=4 * max(a,b);"是一个赋值表达式,把 4 * max(a,b) 的值赋予变量 c。

(3) 将函数调用作为另一个函数的实参。例如,"printf("max=%d\n",max(a,b));"把 max() 函数调用的返回值又作为 printf() 函数的实参来使用。

【例 5-3】　求两个实数的平均值。

```
#include<stdio.h>
float average(float x,float y)          /* 定义函数用于计算两数的平均值,x 和 y 为形参 */
{
    float av;                           /* 定义变量 av 用于存放平均值 */
    av = (x+y)/2.0;
    return av;                          /* 返回 av 的值 */
}
int main()
{
    float a = 1.8,b = 2.6,c;
    c = average(a,b);                   /* 实参为确定值的变量 */
    printf("%5.2f 和 %5.2f 的平均值是: %5.2f\n",a,b,c);
    c = average(a,a+b);                 /* 实参为表达式 */
    printf("%5.2f 和 %5.2f 的平均值是: %5.2f\n",a,a+b,c);
    c = average(2.0,4.0);               /* 实参为常量 */
    printf("2.0 和 4.0 的平均值是: %5.2f\n",c);
    c = average(a,average(a,b));        /* 实参为函数调用 */
    printf("平均值是: %5.2f\n",c);
    return 0;
}
```

运行结果:

```
1.80 和 2.69 的平均值是: 2.20
1.80 和 4.40 的平均值是: 3.10
2.0 和 4.0 的平均值是: 3.00
平均值是: 2.00
```

程序说明:求两个实数的平均值函数 average() 有两个形参 x 和 y,这两个参数用来接收调用函数时传递来的变量或表达式的值。该程序 main() 函数调用了 4 次 average() 函数,第 1 次调用时,用形参 x 和 y 接收实参变量 a 和变量 b 的值;第 2 次调用时,用表达式 a+b 作为实参之一,将 a 和 a+b 的值传给形参 x 和 y;第 3 次调用时,用常量作为实参,将 2.0 和 4.0 的值传给 x 和 y;第 4 次调用时,用函数调用 average(a,b) 作为实参之一,将 c 和 average(a,b) 的值传给形参 x 和 y。

5.1.4　函数的声明

编译程序在处理函数调用时,必须从程序中获得完成函数调用所必需的接口信息。函数的声明是指对函数类型、名称等的说明。为函数调用提供接口信息,对函数原型的声明是一条程序说明语句。

函数原型的声明就是在函数定义的基础上去掉函数体,后面加上分号";"。函数声明定义的一般格式如下:

```
函数类型 函数名(形参及其类型);
```

例如:

```
int max(int a,int b);
```

之所以需要函数的声明,是为了获得调用函数的权限。如果在调用之前定义或声明了函数,则可以调用该函数。

被声明的函数往往定义在其他的文件或库函数中。可以把不同类型的库函数声明放在不同的库文件中,然后在设计的程序中包含该文件。例如,♯include "math.h",其中 math.h 文件包含了很多数学函数的原型声明。

这样做的好处是方便调用和保护源代码。库函数的定义代码已经编译成机器码,对用户而言是不透明的,但用户可以通过库函数的原型获得参数说明并使用这些函数完成程序设计。

对于用户自定义函数,也可以这样处理。和使用库函数不同的是,经常把自己设计的函数放在调用函数后。例如,习惯于先设计 main()函数,再设计定义的函数,这时候需要超前调用自定义函数,在调用之前需要进行函数原型声明。

> ### 👀 名师点睛
> (1) 变量的声明通常是对变量的类型和名称的一种说明,不一定会分配内存,而变量的定义肯定会分配内存空间。
> (2) 函数的声明是对函数的类型和名称的一种说明,而函数的定义是一个模块,包括函数体部分。
> (3) 声明可以是定义,也可以不是。广义上的声明包括定义性声明和引用性声明,通常所说的声明是指后者。

C 语言规定以下 3 种情况,可以不在主调函数中对被调函数进行声明:

(1) 如果被调函数写在主调函数的前面,可以不必进行声明。

(2) 如果函数的返回值为整型或字符型,可以不必进行声明。

(3) 如果在所有函数定义之前,在源程序文件的开头,即在函数的外部已经对函数进行了声明,则在各个调用函数中不必再对所调用的函数进行声明。

【例 5-4】 求两个整数中较大的值。

```
#include<stdio.h>
int max(int a,int b);                        /*子函数 max()的声明语句*/
int main()
{
    int x,y,z;
```

```
        printf("请输入两个整数:");
        scanf("%d%d",&x,&y);
        z = max(x,y);                    /* 子函数 max()在 main()函数中的调用语句 */
        printf("%d 和 %d 的较大值是 %d!",x,y,z);
        return 0;
}
int max(int a,int b)                    /* 子函数 max()的函数头,其中变量 a、变量 b 是形参 */
{
        int m;                          /* 定义函数内部变量 m */
        if(a > b)
                m = a;
        else
                m = b;
        return m;                       /* 子函数返回语句 */
}
```

运行结果:

```
请输入两个整数: 18 33
18 和 33 的较大值是 33!
```

程序说明:程序中定义两个函数——main()函数和 max()函数。max()函数定义变量 m,存放两个参数中较大的数,通过 return 语句把 m 的值返回调用函数。main()函数通过调用语句“z = max(x,y);”求两个数中较大的数。需要注意子函数的定义、调用和子函数的声明。

5.1.5　函数的参数传递

函数调用需要向子函数传递数据,一般是通过实参将数值传递给形参。实参向形参的参数传递有两种形式:值传递和地址传递。

值传递是指单向的数据传递(将实参的值赋给形参),传递完成后,对形参的任何操作都不会影响实参的值。

地址传递是指将实参的地址传递给形参,使形参指向的数据和实参指向的数据相同,因而被调函数的操作会直接影响实参指向的数据。

【例 5-5】　在奖学金评定中,学生的思想品德修养是极为重要的。编程实现比较两位同学的品德修养成绩,输出较高的成绩。

```
#include<stdio.h>
void max(int i,int j,int k)             /* 自定义 max()函数,输出最大值 */
{
        k = i > j?i: j;                 /* 把 i 和 j 里面的最大值赋值给 k */
        printf("品德修养成绩较高的是: %d\n",k);
}
int main()
{
        int a = 0,b = 0,c = 0;
        printf("请输入两位同学的成绩: \n");
        printf("第一位同学的成绩:");
        scanf("%d",&a);
```

```
        printf("第二位同学的成绩:");
        scanf("% d",&b);
        max(a,b,c);
        return 0;
}
```

运行结果:

```
请输入两位同学的成绩:
第一位同学的成绩: 92
第二位同学的成绩: 95
品德修养成绩较高的是: 95
```

程序说明:对 max()函数调用时,直接将实参变量 a、变量 b 和变量 c 的值传递给形参变量 i、变量 j 和变量 k。值传递是从实参到形参的单向传递。

【例 5-6】 函数值传递和地址传递。

```
# include < stdio. h>
void change(int x,int y)                    / * change()函数的功能是交换两个形参的值 * /
{
    int t;
    printf("change()子函数中两个参数交换前: x = % d,y = % d\n",x,y);
    t = x;
    x = y;
    y = t;
    printf("change()子函数中两个参数交换后: x = % d,y = % d\n",x,y);
}
void add(int a[])                           / * add()函数功能是批量将每个数组元素值乘 2 * /
{
    int i;
    for(i = 0; i < 10; i++)
        a[i] * = 2;                         / * 每个数组元素的值乘 2 * /
}
int main()
{
    int a,b,i;
    int x[10] = {1,3,5,7,9,11,13,15,17,19};
    printf("请输入两个整数:");
    scanf("% d % d",&a,&b);
    change(a,b);                            / * change()函数调用语句 * /
    printf("main()函数中两个实参在调用 change()子函数后的值为: a = % d,b = % d\n",a,b);
    printf("原数组 x 中的 10 个元素值为: \n");
    for(i = 0; i < 10; i++)
        printf("% d ",x[i]);
    add(x);                                 / * add()函数调用语句 * /
    printf("\n 调用 add()子函数后,数组 x 中的 10 个元素值为: \n");
    for(i = 0; i < 10; i++)
        printf("% d ",x[i]);
    return 0;
}
```

运行结果如图 5-1 所示。

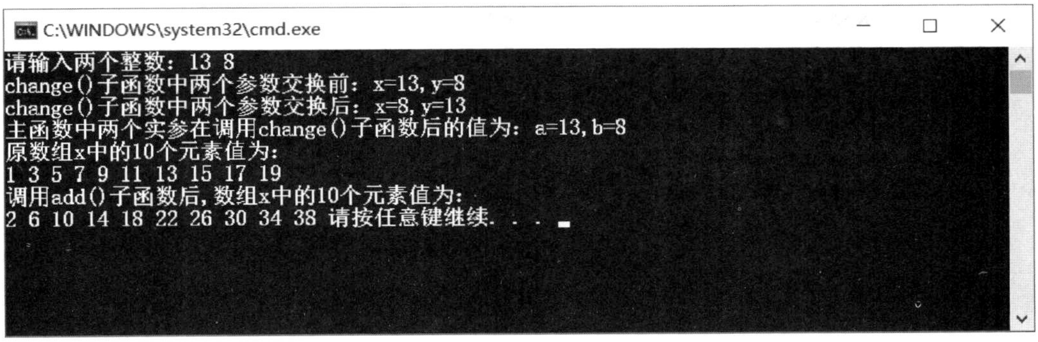

图 5-1　函数值传递和地址传递运行结果

　　程序说明：因为值传递后，形参值的改变不会影响实参，所以在 change() 函数中交换两个形参值后输出这两个值，在 main() 函数再重新输出两个实参值，会发现两个实参的值并没有改变。这也证明了值传递方式是单向的数据传递。在 add() 函数中将数组作为函数参数，相当于实参和形参共用同一个数组空间，那么对形参中每个数组元素值的改变，也同样对实参数组的每个值改变。在 main() 函数中再输出实参数组的每个元素，数组元素值都被乘以 2。需要注意两个子函数书写格式和两个子函数的调用格式。

5.1.6　返回语句和函数返回值

　　一般情况下，主调函数调用完被调函数后，都希望能够得到一个确定的值。在 C 语言中，函数返回值是通过 return 语句来实现的。函数返回值的一般格式如下：

```
return(表达式);
return 表达式;
return;
```

名师点睛

　　（1）return 语句可使函数从被调函数中退出，返回到调用它的代码处，并向调用函数返回一个确定的值。

　　若需要从被调函数返回一个函数值（供主调函数使用），被调函数中必须包含 return 语句且带表达式，此时使用 return 语句的前两种形式均可。若不需要从被调函数返回函数值，应该用不带表达式的 return 语句，也可以不用 return 语句，这时被调函数一直执行到函数体的末尾，然后返回主调函数。

　　（2）一个函数中可以有多个 return 语句，执行到哪一个 return 语句，哪一个语句就起作用。

　　（3）在定义函数时应当指定函数的类型，并且函数的类型一般应与 return 语句中表达式的类型一致。当二者不一致时，应以函数的类型为准，即函数的类型决定返回值的类型。对于数值型数据，可以自动进行类型转换。

【例 5-7】　求两个实数的和。

```
#include<stdio.h>
int add(float i,float j)
{
    float k;
    k = i + j;
    return k;
}
int main ()
{
    float a,b,c;
    printf("请输入两个实数:");
    scanf("%f%f",&a,&b);
    c = add(a,b);    /*函数调用*/
    printf("%5.1f + %5.1f = %5.2f\n",a,b,c);
}
```

运行结果:

```
请输入两个实数: 3.1 2.3
3.1 + 2.3 = 5.00
```

程序说明:输入 3.1 和 2.3,输出结果为"3.1+2.3=5.00",明显结果不正确。因为 add()函数的函数类型为整型,返回值为浮点型,类型不一致,返回值 k 则以函数定义时类型为主,由系统自动将 float 型转换为 int 型。

5.1.7　函数的嵌套调用与递归调用

1.函数的嵌套调用

嵌套调用是指在调用一个函数并执行该函数的过程中,又调用另一个函数的情况。

图 5-2 给出了函数的嵌套调用示意图,main()函数实现了对 fun1()函数和 fun2()函数的调用。由于 main()函数首先调用 fun1()函数,fun1()函数又对 fun2()函数进行调用,fun1()函数中嵌套了 fun2()函数。函数的嵌套调用如图 5-2 所示。

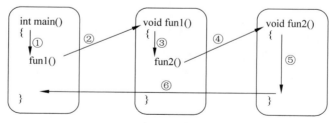

图 5-2　函数的嵌套调用示意图

【例 5-8】　使用函数的嵌套调用计算 1!+2!+3!+…+10!的值并输出。

```
#include<stdio.h>
#define N 10                    /*宏定义*/
int main()
{
```

```
    float sum(int n);                /* 对 sum()函数进行声明 */
    printf("1! + 2! + 3! + 4! + … + 10!= % - 12.5le\n",sum(N));        /* 调用 sum()函数 */
    return 0;
}
float sum(int n)                 /* 定义 sum()函数,求累加 */
{
    float fac(int k)             /* 对 fac()函数进行声明 */
    int i;
    float s = 0;
    for(i = 1; i < n; ++i)
        s += fac(i);             /* 调用 fac()函数 */
    return s;
}
float fac(int k)                 /* 定义 fac()函数,计算阶乘 */
{
    int i;
    float t = 1;
    for(i = 2; i <= k; ++i)
        t * = i;
    return t;
}
```

运行结果：

```
1! + 2! + 3! + 4! + … + 10!= 4.09113e + 005
```

程序说明：由于要在 main()函数中调用 sum()函数,因此,在 main()函数的开始要对 sum()函数进行声明。由于要在 sum()函数中调用 fac()函数,因此,在 sum()函数的开始 要对 fac()函数进行声明。由于在 main()函数中没有直接调用 fac()函数,因此,在 main() 函数中不必对 fac()函数进行声明。当然,所有函数的声明也可以写在 main()函数的前面, 这样就不需要在函数内部进行再次声明。

2. 函数的递归调用

函数的递归调用是指函数直接或间接地调用其本身。递归调用有两种方式：直接递归 调用和间接递归调用。其中,直接递归调用是指在一个函数中直接调用自身。间接递归调 用是指在一个函数中调用其他函数,而在其他函数中又调用了本函数。递归调用的过程分 为两个阶段：递推和回归。递推阶段是指从原问题出发,按递归公式递推,最终达到递归终 止条件,从而将一个复杂问题分解为一个相对简单且可以直接求解的子问题。回归阶段是 指将子问题的结果逐层代入递归公式求值,最终求得原问题的解。

【例 5-9】 用递归调用方法计算 $1+2+3+\cdots+n$ 的值。

```
# include < stdio.h >
int sum(int);
int main()
{
    int n,s;
    printf("请输入一个整数:");
    scanf(" % d",&n);
```

```
    s = sum(n);
    printf("s = 1 + 2 + 3 + … + %d = %d\n",n,s);
}
int sum( int n)
{
    if(n == 1)
        return 1;
    else
        return n + sum(n - 1);
}
```

运行结果:

```
请输入一个整数: 5
s = 1 + 2 + 3 + … + 5 = 15
```

程序说明:程序的执行流程如图 5-3 所示。

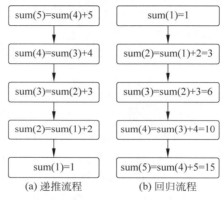

(a) 递推流程　　　　　(b) 回归流程

图 5-3　程序的执行流程

🔑 5.2　变量的作用域与生命期

5.2.1　变量的作用域

在 C 语言中,用户名命名的标识符都有一个有效的作用域。不同的作用域允许相同的变量和函数出现,同一作用域变量和函数不能重复。

依据变量作用域的不同,C 语言变量可以分为局部变量和全局变量两类。局部变量是指在函数内部或复合语句内部定义的变量。函数的形参也属于局部变量。全局变量是指在函数外部定义的变量。有时将局部变量称为内部变量,全局变量称为外部变量。

LOK 名师点睛

(1) 所有函数都是平行关系,main()函数也不例外。main()函数中定义的变量只在main()函数中有效,不能使用其他函数中定义的内部变量。

(2) 不同的函数内可以定义相同名字的内部变量,它们互不影响。

（3）形参属于被调函数的内部变量,实参属于主调函数的内部变量。

（4）在同一源文件中,若全局变量与局部变量同名,则在局部变量的作用范围内全局变量不起作用。

【例 5-10】　不同函数中的同名变量。

```c
# include< stdio. h>
int sub();
int main()
{
    int a = 5,b = 8;
    printf("main: a = % d,b = % d\n",a,b);
    sub();
    printf("main: a = % d,b = % d\n",a,b);
}
int sub()
{
    int a = 1,b = 7;
    printf("sub: a = % d,b = % d\n",a,b);
    return a,b;
}
```

运行结果:

```
main: a = 5,b = 8
sub: a = 1,b = 7
main: a = 5,b = 8
```

5.2.2　变量的生命期

变量的生命期是指变量值在程序运行过程中的存在时间。C 语言变量的生命期分为静态生命期和动态生命期。

一个程序占用的内存空间通常分为两部分:程序区和数据区。数据区可以分为静态存储区和动态存储区。

程序区中存放的是可执行程序的机器指令。静态存储区中存放的是静态数据。动态存储区中存放的是动态数据,如动态变量。动态存储区分为堆内存区和栈内存区。堆和栈是不同的数据结构,栈由系统管理,堆由用户管理。

静态变量是指 main()函数执行前就已经分配内存的变量,其生命期为整个程序执行期;动态变量在程序执行到该变量声明的作用域时才临时分配内存,其生命期仅在其作用域内。

生命期和作用域是不同的概念,分别从时间和空间上对变量的使用进行界定,相互关联又不完全一致。例如,静态变量的生命期贯穿整个程序,但作用域是从声明位置开始到文件结束。

【例 5-11】　变量作用域。

```c
# include< stdio. h>
int s = 30,x = 12;                /* 定义全局变量 s 和 x,作用域为从定义到程序末尾 */
```

```
int add(int x, int y)
{
    return x + y;              /* 形参 x、y 作用域为子函数 add()内部 */
}
int main()
{
    int x = 5, y = 3, z = 0;   /* 定义局部变量 x、y、z 作用域为 main()函数内部,屏蔽全局变量 x */
    printf("main()函数初始: s = %d, x = %d, y = %d, z = %d\n", s, x, y, z);
    {
        int x = 1;             /* 定义块内的局部变量 x,屏蔽 main()函数的变量 x 和全局变量 x */
        y = 20;                /* 修改 mian()函数中定义的局部变量 y 值 */
        z = add(x, y);
        printf("程序块中: s = %d, x = %d, y = %d, z = %d\n", s, x, y, z);
    }
    z = add(x, y);
    s = 18;                    /* 在 mian()函数中直接修改全局变量 s */
    printf("main()函数修改: s = %d, x = %d, y = %d, z = %d\n", s, x, y, z);
}
```

运行结果:

```
main()函数初始: s = 30, x = 5, y = 3, z = 0
程序块中: s = 30, x = 1, y = 20, z = 21
main()函数修改: s = 18, x = 5, y = 20, z = 25
```

程序说明:

(1) 全局变量 s=30 和 x=12,但因为在 main()函数和程序块内都有同名变量,所以变量 x 被屏蔽了。s 在函数外定义,在 main()函数和各个子函数内都可以被改变,所以 main()函数被改为 15。

(2) 在 main()函数内定义的变量 x=5 的作用域在 main()函数的内部,而程序块内又定义了变量 x=1,所以块内的 x 值为 1,直到块结束。而 main()函数内的变量 y=3 可以在块内被直接改变,所以 y 值改为 20。"z=add(x,y);"调用语句中的 x、y 值分别为 1 和 20,则返回值为 21,即 z 值为 21。

(3) 在块程序后面重新调用函数"z=add(x,y);",则语句中的 x、y 值分别为 5 和 20。返回值为 25,即 z=25。

5.2.3 变量的存储类型

变量的存储类型有 4 种,分别由 4 个关键字表示:auto(自动)、register(寄存器)、static(静态)和 extern(外部)。

1. auto 类型

自动变量是指用 auto 定义的变量,可默认为 auto。自动类型的变量值是不确定的,如果初始化,则赋初值操作是在调用时进行的,且每次调用都要重新赋初值。

在函数中定义的自动变量只在该函数内有效,函数被调用时分配存储空间,调用结束就释放。在复合语句中定义的自动变量只在该复合语句中有效,退出复合语句后,便不能再使用,否则将引起错误。

2. register 类型

寄存器变量是指用 register 定义的变量,是一种特殊的自动变量。这种变量建议编译程序时将变量中的数据存放在寄存器中,而不像一般的自动变量占用内存单元,可以大大提高变量的存取速度。

一般情况下,变量的值都是存储在内存中的。为提高执行效率,C 语言允许将局部变量的值存放到寄存器中,这种变量就称为寄存器变量。

3. static 类型

全局变量和局部变量都可以用 static 来声明,但意义不同。

全局变量总是静态存储,默认值为 0。全局变量前加上 static 表示该变量只能在本程序文件内使用,其他文件无使用权限。对于全局变量,static 关键字主要用于在程序包含多个文件时限制变量的使用范围,对于只有一个文件的程序,有无 static 都是一样的。

局部变量定义在函数体内部,用 static 来声明时,该变量为静态局部变量。静态局部变量属于静态存储,在程序执行过程中,即使所在函数调用结束也不释放。

静态局部变量定义并不初始化,自动赋数字"0"(整型和实型)或'\0'(字符型)。每次调用定义静态局部变量的函数时,不再重新为该变量赋初值,只是保留上次调用结束时的值,所以要注意多次调用函数时静态局部变量每次的值。

4. extern 类型

在默认情况下,在文件域中用 extern 声明(主要不是定义)的变量和函数都是外部的。但对于作用域范围之外的变量和函数,需要使用 extern 进行引用行声明。

对外部变量的声明,只是声明该变量是在外部定义过的一个全局变量在这里引用。而对外部变量的定义,则是要分配存储单元。一个全局变量只能定义一次,可以多次引用。用 extern 声明外部变量的目的是可以在其他文件中调用。

【例 5-12】　静态变量。

```
# include < stdio.h >
int func( int a, int b);
int main()
{
    int k = 4, m = 1, p;
    p = func(k, m);
    printf("第一次调用子函数后结果为 % d.", p);
    p = func(k, m);
    printf("\n 第二次调用子函数后结果为 % d.", p);
}
int func( int a, int b)
{
    static int m = 0, i = 2;  / * 定义静态变量 m 和 i,从第二次起每次调用时初值为上次调用结果 * /
    i += m + 1;
    m = i + a + b;
    return(m);                 / * 在 mian()函数中直接修改全局变量 s * /
}
```

运行结果:

第一次调用子函数后结果为 8。
第二次调用子函数后结果为 17。

程序说明：

(1) 用 static 定义在函数内部的变量是静态局部变量,它们只在函数第一次被调用时赋初值,以后该函数再次被调用时,其静态变量值为上次函数调用后的终值。所以在该程序中注意多次调用函数时静态局部变量 m 和 i 的初值即可。

(2) 第一次调用时,子函数 func()中静态变量 m 初值为 0,i 初值为 2,所以第一次调用后 i 的值为 0+1+2=3,m 的值为 3+4+1=8。第二次调用子函数时,m 初值为 8,i 初值为 3,调用后 i 的值为 3+8+1=12,m 的值为 12+4+1=17。所以程序运行结果第一次为 8,第二次为 17。

【例 5-13】 外部变量和外部函数。

该程序有两个源文件,其中存放 main()函数的文件名为 5-13-1.c,存放子函数的文件名为 5-13-2.c。

源程序 5-13-1.c:

```
# include < stdio.h >
# include"5 - 13 - 2.c"
int a;
extern void fun();
int main()
{
    a = 35;
    printf("main()函数中 a = % d\n",a);
    fun();
    printf("调用 fun()函数后,main()函数中 a = % d\n",a);
}
```

源程序 5-13-2.c:

```
# include < stdio.h >
extern int a;
void fun()
{
    a = 48;
    printf("fun()函数中外部全局变量 a = % d\n",a);
}
```

运行结果：

```
main()函数中 a = 35
fun()函数中外部全局变量 a = 48
调用 fun()函数后,main()函数中 a = 48
```

程序说明：

(1) 本程序主要了解外部函数和外部变量的使用方法。注意,外部函数和外部变量都是将已定义的函数或变量在该位置重新声明一下,而不是重新定义。因为是两个文件,所以需要在包含 main()函数的文件 5-13-1.c 中将另一个源文件 5-13-2.c 包含到该文件中才能运行。包含命令为：♯include"5-13-2.c"。而语句"extern void fun();"是对另一个源文件的 fun()函数进行声明,这样才能在本文件的 main()函数中使用。

（2）在 main()函数中对全局变量 a 赋值为 35,然后输出该变量值,之后调用 fun()函数。在源文件 5-13-2.c 中对 5-13-1.c 中的全局变量 a 进行了声明(不是重新定义一个新变量 a),然后为其重新赋值 48,该值也改变了 main()函数中 a 的值(因为是同一个变量)。返回 main()函数中重新输出 a 值,发现 a 值也变成了 48。

5.2.4　内部函数和外部函数

根据函数能否被其他源程序文件调用,将函数分为内部函数和外部函数。

1. 内部函数

内部函数是指一个函数只能被它所在文件中的其他函数调用。在定义内部函数时,可使用 static 进行修饰。其一般格式如下：

```
static　类型标识符　函数名(形参列表){函数体}
```

例如：

```
static　float　max(float a,float b)
{
    …
}
```

使用内部函数,可以使该函数只限于它所在的文件,即使其他文件中有同名的函数也不会相互干扰,因为内部函数不能被其他文件中的函数所调用。

2. 外部函数

外部函数是指在一个源程序文件中定义的函数除了可以被本文件中的函数调用外,还可以被其他文件中的函数调用。在定义外部函数时,可使用关键字 extern 进行修饰。其一般格式如下：

```
extern　类型标识符 函数名(形参列表)
```

例如：

```
extern char del_str(char r1)
{
    …
}
```

LOOK 名师点睛

（1）C 语言规定,若在定义函数时省略了 extern,则默认为外部函数。本书前面所用的函数都是外部函数。

（2）在调用函数的文件中，一般要用 extern 声明所用的函数是外部函数，表示该函数是在其他文件中定义的外部函数。

5.3　预处理程序

5.3.1　宏定义

宏定义是用预处理命令♯define施行的预处理，它分为两种形式：带参数的宏定义与不带参数的宏定义。

1. 不带参数的宏定义

不带参数的宏定义也称为字符串的宏定义，它用来指定一个标识符代表一个字符串常量。其一般格式如下：

```
♯define  标识符  字符串
```

其中，标识符是宏的名字，简称宏；字符串是宏的替换正文，通过宏定义，使得标识符等同于字符串。

例如，definePI 3.14，其中，PI是宏名，字符串"3.14"是替换正文。预处理程序将程序中以PI作为标识符出现的地方都用3.14替换，这种替换称为宏替换或宏扩展。这种替换的优点在于，用一个有意义的标识符代替一个字符串，便于记忆，易于修改，提高了程序的可移植性。

【例5-14】　求100以内所有奇数的和。

```
# include < stdio.h >
♯define N 100
int main()
{
    int i, sum = 0;
    for(i = 1; i < N; i = i + 2)
    sum = sum + i;
    printf("sum = % d\n", sum);
}
```

经过编译预处理后将得到如下程序：

```
# include < stdio.h >
♯define N 100
int main()
{
    int i, sum = 0;
    for(i = 1; i < 100; i = i + 2)
    sum = sum + i;
    printf("sum = % d\n", sum);
}
```

名师点睛

（1）对于用得比较多的常量或简单操作，只需要修改宏定义中 N 的替换字符串即可，不需要修改其他地方。

（2）宏定义在源程序中要单独占一行，通常"♯"出现在一行的第一个字符的位置，允许♯号前有若干空格或制表符，但不允许有其他字符。

（3）每个宏定义以换行符作为结束的标志，这与 C 语言的语句不同，不以";"作为结束，如果使用了分号，则会将分号作为字符串的一部分一起替换。

（4）宏的名字用大小写字母均可，为了与程序中的变量名或函数名相区别和醒目，习惯用大写字母作为宏名。宏名是一个常量的标识符，它不是变量，不能对它进行赋值。

（5）一个宏的作用域是从定义的地方开始到本文件结束。也可以用♯undef 命令终止宏定义的作用域。

（6）宏定义可以嵌套。例如，♯define　PI　3.14♯define　TWOPI　(2.0 * PI)，若有语句"s=TWOPI * r * r;"，则在编译时被替换为"s=(2.0 * PI) * r * r;"。

2. 带参数的宏定义

C 语言的预处理命令允许使用带参数的宏，带参数的宏在展开时，不是进行简单的字符串替换，而是进行参数替换。带参数的宏定义的一般格式如下：

♯define　标识符(参数表)　字符串

例如，♯define SUM(a,b)(a+b)，其中，SUM 是宏名，a 和 b 是函数的形参，(a+b)是计算两个参数之和的表达式。

【例 5-15】　带参数的宏定义，求两个数的和。

```
# include < stdio.h >
#define SUM(a,b)(a + b)
int main ()
{
    printf("两数之和为: % d",SUM(3,5));
}
```

运行结果：

两数之和为:8

程序说明：带参数的宏并不是将 3 和 5 的值传递给 a 和 b 进行求和，而是将"sum(3,5)"替换为"(3+5)"，得出两数之和为 8。

名师点睛

（1）在宏定义中宏名和左括号之间没有空格。

（2）带参数的宏展开时，用实参字符串替换形参字符串，可能会发生错误。比较好的方法是将宏的各个参数用小括号括起来。

（3）带参数的宏调用和函数调用非常相似,但它们毕竟不是一回事。其主要区别在于:带参数的宏替换只是简单的字符串替换,不存在函数类型、返回值及参数类型的问题;函数调用时,先计算实参表达式的值,再将它的值传递给形参,在传递过程中,要检查实参和形参的数据类型是否一致。而带参数的宏替换是用实参表达式原封不动地替换形参,并不进行计算,也不检查参数类型的一致性。

5.3.2　文件包含

文件包含是指把指定文件的全部内容包含到本文件中。文件包含控制行的一般格式如下:

```
# include"文件名"或 # include <文件名>
```

例如:

```
# include < stdio.h>
```

在编译预处理时,就把 stdio.h 头文件的内容与当前的文件连在一起进行编译。同样,此命令对用户自己编写的文件也适用。

使用文件包含命令的优点:在程序设计中常常把一些公用性符号常量、宏、变量和函数的说明等集中起来组成若干文件,使用时可以根据需要将相关文件包含进来,这样可以避免在多个文件中输入相同的内容,也为程序的可移植性、可修改性提供了良好的条件。

【例 5-16】　假设有 3 个源文件 5-16-1.c、5-16-2.c、5-16-3.c,它们的内容如下所示,利用编译预处理命令实现多个文件的编译和连接。

源文件 5-16-1.c:

```
# include < stdio.h>
int main()
{
    int a,b,c,s,m;
    printf("\n a,b,c = ?");
    scanf("% d, % d, % d",&a,&b,&c);
    s = sum(a,b,c);
    m = mul(a,b,c);
    printf("The sum is % d\n",s);
    printf("The mul is % d\n",m);
}
```

源文件 5-16-2.c:

```
int sum(int x, int y, int z)
{
    return (x + y + z);
}
```

源文件 5-16-3.c:

```
int mul(int x,int y,int z)
{
    return (x * y * z);
}
```

　　处理的方法是在含有 main()函数的源文件中使用预处理命令 ♯include 将其他源文件包含进来即可。这里需要把源文件 5-16-2.c 和 5-16-3.c 包含在源文件 5-16-1.c 中,则修改后 5-16-1.c 的内容如下:

```
# include < stdio.h >
# include "5 - 16 - 2.c"
# include "5 - 16 - 3.c"
int main()
{
    int a,b,c,s,m;
    printf("a,b,c = ?\n");
    scanf(" % d, % d, % d",&a,&b,&c);
    s = sum(a,b,c);
    m = mul(a,b,c);
    printf("The sum is % d\n",s);
    printf("The mul is % d\n",m);
    return 0;
}
```

运行结果:

```
a,b,c = ?
2,3,4
The sum is 9
The mul is 24
```

　　程序说明:文件 5-16-2.c 中的 sum()函数和文件 5-16-3.c 中的 mul()函数都被包含到文件 5-16-1.c 中,如同文件 5-16-1.c 中定义了这两个函数一样,所以说文件包含处理也都是模块化程序设计的一种手段。

名师点睛

　　(1) 一个 include 命令只能指定一个被包含文件,若要包含 n 个文件,则需要用 n 个 include 命令。

　　(2) 文件包含控制行可出现在源文件的任何地方,但为了醒目,大多放在文件的开头部分。

　　(3) ♯include 命令的文件名,使用双引号和尖括号是有区别的:使用尖括号仅在系统指定的"标准"目录中查找文件,而不在源文件的目录中查找;使用双引号表明先在正在处理的源文件目录中搜索指定的文件,若没有,再到系统指定的"标准"目录中查找。所以使用系统提供的文件时,一般使用尖括号,以节省查找时间;若包含用户自己编写的文件(这些文件一般在当前目录中),使用双引号比较好。

　　(4) 文件包含命令可以是嵌套的,在一个被包含的文件中还可以包含其他的文件。

5.3.3　条件编译

一般情况下,源程序中所有的行都参加编译。但是有时希望对其中一部分内容只在满足一定条件时才进行编译,也就是对一部分内容指定编译条件,这就是"条件编译"。有时希望当满足某条件时对一组语句进行编译,而当条件不满足时则编译另一组语句。

条件编译命令有以下 3 种形式。

(1) 使用#ifdef 的形式。

```
#ifdef   标识符
    程序段 1
#else
    程序段 2
#endif
```

此语句的作用是当标识符已经被#define 命令所定义时,条件为真,编译程序段 1;否则条件为假,编译程序段 2。它与选择结构的 if 语句类似,else 语句也可以没有。

【例 5-17】　程序调试信息的显示。

```
#define   DEBUG
#ifdef    DEBUG
printf("x=%d,y=%d,z=%d\n",x,y,z);
#endif
```

程序说明:printf()函数被编译,程序运行时可以显示 x、y 和 z。在程序调试完成后,不再需要显示 x、y 和 z 的值,则只需要去掉 DEBUG 标识符的定义。

LOOK 名师点睛

虽然直接使用 printf 语句也可以显示调试信息,在程序调试完成后去掉 printf 语句同样也达到了目的。但若程序中有很多处需要调试观察,增删语句既麻烦又容易出错,而使用条件编译则相当清晰、方便。

---

(2) 使用#ifndef 的形式。

```
#ifndef   标识符
    程序段 1
#else
    程序段 2
#endif
```

此语句的作用是当标识符未被#define 命令所定义时,条件为真,编译程序段 1;否则条件为假,编译程序段 2。与上面的条件编译类似,else 语句也可以没有。

(3) 使用#if 的形式。

```
#if   表达式
    程序段 1
#else
```

　　程序段 2
#endif

　　它的作用与 if-else 语句类似,当表达式的值为非 0 时,条件为真,编译表达式后的程序段 1;否则条件为假,编译程序段 2。

【例 5-18】　输入一行字母字符,根据需要设置条件编译,使之能将字母全改为大写输出或全改为小写输出。

```c
#include<stdio.h>
#define LETTER 1
int main()
{
    int i = 0;
    char c;
    char str[25] = "I Love my country China";
    printf("String is: %s\n",str);
    printf("Change String is:");
    while((c = str[i])!= '\0')
    {
        i++;
        #if   LETTER
            if(c >= 'a'&&c <= 'z')
                c = c - 32;
        #else
            if(c >= 'A'&&c <= 'Z')
                c = c + 32;
        #endif
            printf("%c",c);

    }
    printf("\n");
    return 0;
}
```

运行结果:

```
String is: I Love my country China
Change String is: I LOVE MY COUNTRY CHINA
```

　　程序说明:在程序中,LETTER 通过宏定义值为 1(非 0),则在编译时对第一个 if 语句进行编译,即选择将小写字母转换为大写字母。

名师点睛

　　事实上条件编译可以用 if 语句代替,但使用 if 语句目标代码比较长,因为所有的语句均要参与编译;而使用条件编译,只有一部分参与编译,且编译后的目标代码比较短,所以很多地方使用条件编译。

5.3.4　特殊符号处理

编译预处理程序可以识别一些特殊的符号,并对在源程序中出现的这些符号用合适的值进行替换,从而可以实现某种程度上的编译控制。常见的定义好的供编译预处理程序识别和处理的特殊符号如下所示(不同的编译器还可以定义自己的特殊函数的符号)。

FILE:包含当前程序文件名的字符串。

LINE:表示当前行号的整数。

DATE:包含当前日期的字符串。

STDC:若编译器遵循 ANSI C 标准,则它是个非 0 值。

TIME:包含当前时间的字符串。

LOOK 名师点睛

符号中都是双下画线,而不是单下画线,并且日期和时间都是一个从特定的时间起点开始的长整数,并不是通常熟悉的年月日时分秒格式。

【例 5-19】　编译预处理中特殊符号的显示。

```
#include<stdio.h>
int main()
{
    printf("%d\n",__LINE__);          /* 显示所在行号 */
    printf("%s\n",__func__);          /* 显示所在函数 */
    printf("%s\n",__TIME__);          /* 显示当前时间 */
    printf("%s\n",__DATE__);          /* 显示当前日期 */
    printf("%s\n",__FILE__);          /* 显示当前程序文件名 */
    printf("%d\n",__STDC__);          /* 编译器遵循 ANSI C 标准时该标识被赋值为 1 */
    return 0;
}
```

运行结果:

```
4
main
13:05:02
Jul 4 2022
C:\user\5-19.c
1
```

【例 5-20】　演示 #line 的用法。

```
#line 7                  /* 初始化行计数器 */
#include<stdio.h>
int main()
{
    printf("本行为第%d行!\n",__LINE__);
}
```

运行结果:

本行为第 10 行!

名师点睛

标识符_LINE_和_FILE_通常用来调试程序;标识符_DATE_和_TIME_通常用来在编译后的程序中加入一个时间标志,以区分程序的不同版本;当要求程序严格遵循 ANSI C 标准时,标识符_STDC_就会被赋值为 1。

5.4 常见错误分析

5.4.1 使用库函数时忘记包含头文件

在使用库函数时需要用＃include 命令将该原型函数的头文件包含进来,不少初学者容易忘记。

【例 5-21】 使用库函数,未包含头文件。

```
# include < stdio. h>
int main()
{
    int a = 4;
    printf(" % f",sqrt(a));
    return 0;
}
```

编译报错信息如图 5-4 所示。

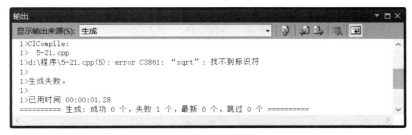

图 5-4　未包含头文件编译报错信息

错误分析:在使用 sqrt()函数时,忘记包含头文件,应在程序的开头加上＃include < math. h>。

5.4.2 忘记对所调用的函数进行函数原型声明

若函数的返回值不是整型或字符型,并且函数的定义在主调函数之后,那么在调用函数前必须对函数进行原型声明。

【例 5-22】 未对调用函数进行原型声明。

```
# include < stdio. h>
float add(float x,float y);
```

```
int main()
{
    float a,b;
    printf("Please enter a and b:");
    scanf("%f%f", &a,&b);
    printf("the sum is: %f\n", add(a,b));
    return 0;
}
float add(float x,float y)
{
    float z = 0;
    z = x + y;
    return(z);
}
```

编译报错信息如图 5-5 所示。

图 5-5　未对调用函数进行原型声明编译报错信息

错误分析：add()函数是非整型函数,且调用在先,定义在后,因此,应在调用之前进行
函数声明。可在 main()函数之前或 main()函数中加上函数原型的声明语句"float add
(float x,float y);"。

5.4.3　函数的实参和形参类型不一致

函数一旦被定义,就可多次调用,但必须保证形参和实参数据类型一致。若实参和形参
数据类型不一致,则按不同类型数值的赋值规则进行转换。

【例 5-23】　函数实参和形参类型不一致。

```
#include<stdio.h>
int sum(int i,int j)
{
    int k;
    k = i + j;
    return k;
}
int main()
{
    float a,b,c;
    printf("请输入两个实数:");
    scanf("%f%f",&a,&b);
    c = sum(a,b);
    printf("a + b = %f",c);
    return 0;
}
```

编译报错信息如图 5-6 所示。

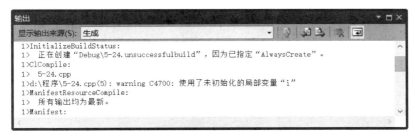

图 5-6　参数类型不一致编译报错信息

错误分析：实参 a 和 b 为 float 型，形参 i 和 j 为 int 型。在编译时，系统给出了"警告"。a 和 b 的值传递给 i 和 j 时，会按赋值规则处理，把小数部分删去，从而导致程序结果错误。

5.4.4　使用未赋值的自动变量

未进行初始化时，自动变量的值是不确定的，在使用时要特别注意。

【例 5-24】　未初始化变量导致错误。

```
# include < stdio.h >
int main()
{
    int i;
    printf(" % d\n",i);
}
```

编译报错信息如图 5-7 所示。

图 5-7　变量未初始化编译报错信息

错误分析：编译提示使用了未初始化的局部变量 i，程序运行结果-858 993 460 是一个不可预知的数。因此，在引用自动变量时，必须对其初始化或对其赋值。

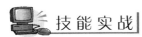 技 能 实 战

🔑 5.5　分组实现函数功能应用实战

视频讲解

5.5.1　实战背景

随着软件系统的规模越来越庞大，软件开发过程中的分工越来越细，靠单兵作战来实现复杂系统越来越难。各种新知识、新技术不断推陈出新，需要团队合作。众人拾柴火焰高。

要求组织成员之间相互依赖、相互关联、共同合作,提高工作效率,依靠团队合作的力量创造奇迹。

5.5.2　实战目的

(1) 掌握函数定义及调用方式。

(2) 具备将较复杂的问题进行抽象分解成若干功能块的能力,并能编写相应的功能函数。

5.5.3　实战内容

将班级的学生分成 3 组,对输入不超过 50 个的整数,分别负责编写数据输入函数、数据排序函数和数据输出函数。

5.5.4　实战过程

```c
#include<stdio.h>
#include<stdlib.h>
void inputdata(int a[],int n)
{
    int i;
    for(i=0; i<n; i++)
    {
        printf("请输入第%d个数据:",i+1);
        scanf("%d",&a[i]);
    }
}
void outputdata(int a[],int n)
{
    int i;
    for(i=0; i<n; i++)
        printf("%d ",a[i]);
    printf("\n");
}
void sort(int a[],int n)
{
    int i,j,k,t;
    for(i=0; i<n-1; i++)
    {
        k=i;
        for(j=i+1; j<n; j++)
            if(a[k]>a[j])
                k=j;
        if(k!=i)
        {
            t=a[i];
            a[i]=a[k];
            a[k]=t;
        }
    }
}
```

```
int main()
{
    int data[50],num;
    printf("请输入数据个数(1-50):");
    scanf("%d",&num) ;
    inputdata(data,num);
    printf("排序前的数据为: \n");
    outputdata(data,num);
    sort(data,num);
    printf("排序后的数据为: \n");
    outputdata(data,num);
    return 0;
}
```

运行结果如图 5-8 所示。

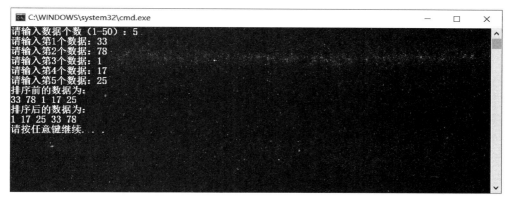

图 5-8　技能实战运行结果

5.5.5　实战意义

通过实战,在掌握函数功能的同时,增强了学生之间团结合作意识,同伴之间互相帮助,各取所长,使得学习效率更高,进步更快。

在信息时代,学生们更需要拥有与他人合作的能力,这样才能在未来的工作中取得成功。任何人的成功、任何企业的成功,都集中体现了集体的智慧,都是团队合作的结果。因此,一个人的成功并不是真正的成功,一个团队的成功才是真正的成功。

第**6**章

数　　组

CHAPTER 6

案例导读

 脉络导图

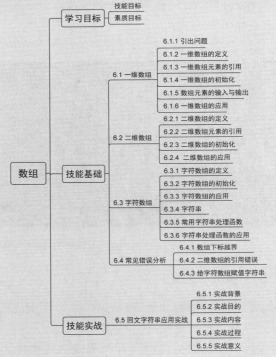

学习目标

技能目标：

能够根据实际情况运用一维数组、二维数组解决实际问题。

素质目标：

（1）学习数组的定义，即具备相同的数据类型的数的有序集合。

（2）数组元素在数组中的排列序号是确定的，各个元素必须按照自己的序号在程序中出现和运算。

（3）将杂乱无章的数据元素，通过一定的方法按关键字顺序排列的过程叫排序。人们通过认识客观世界，认识各种事物和对象的组成要素、相互联系、结构功能及它们的发展演变规律，即事物的有序性，来促成事物不断从无序向有序方向转化。

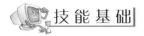技能基础

6.1　一维数组

6.1.1　引出问题

在实际的生产生活中,对数据的处理要求多种多样。对同一个小组 3 个学生可以用整型变量 p1、整型变量 p2 和整型变量 p3 来表示这 3 个学生的政治面貌。输出这些学生的政治面貌时,可以使用以下语句:

```
printf("%c %c %c",p1,p2,p3);
```

但是对一个班级的 30 个学生来说,就需要定义 30 个变量,显得十分烦琐。简便解决这类问题的方法就是使用数组来表示。

数组是指一组类型相同的变量,它使用一个数组名标识,每个数组元素都是通过数组名和元素的相对位置(下标)来引用的,数据元素在内存中占有连续的内存单元。

学生的政治面貌属于同一数据类型,政治面貌都是字符型变量,可通过不同的标号来区分这 30 个学生,该标号称为下标。下标的变化是有规律的,可使用循环来处理这些数据。例如:

```
for(i=0; i<30; i++)  printf("%c ",p[i]);
```

6.1.2　一维数组的定义

数组元素属于同一数据类型,先后次序确定,用数组名和下标标识。一维数组是指具有一个下标的数组。一维数组用于存储一行或一列数据。一维数组定义的一般格式如下:

```
类型标识符 数组名[元素个数];
```

其中,类型标识符是对数组元素类型的定义,可以是 int 型、float 型、char 型以及后面章节要学习到的指针、结构体和共用体等各种复合数据类型。每个数组的元素类型是一致的,即所定义的数组类型一致。数组名的命名同样要遵守标识符的命名规范。"[]"为数组定义的分界符号。元素个数一般是常量,由它确定数组的大小,因为数组元素所占的内存单元大小是由数组元素类型和元素个数决定的。

例如,定义"int a[5];",该数组元素的数据类型为 int 型。数组名为 a,是数组存储区的首地址,即存放数组第一个元素的地址。数组的大小为 5。数组元素的下标是从 0 开始的,而不是从 1 开始的,数组的元素最大下标值为元素个数-1。数组 a 的元素为 a[0]、a[1]、a[2]、a[3]、a[4]。

数组可分为静态数组和动态数组。静态数组是指在运行时元素的个数不可以改变;动态数组则是允许在运行时改变元素的个数。在说明一个数组后,系统会在内存中分配一段连续的空间用于存放数组元素。编译时分配连续内存字节数=数组元素个数×sizeof(元素数据类型)。

LOOK 名师点睛

(1) 数组名的命名规则与变量名相同,遵循标识符命名规则。例如,"float 1_x[6];" 定义是错误的,因为 1_x 是非法的标识符。

(2) 数组名后是用中括号(不能用小括号)括起来的常量表达式,不能为变量(或变量表达式)。例如,"int b(3);"定义是错误的,因为使用的分界符号是( )。

(3) C 语言不允许对数组做动态定义,即说明数组时数组长度表达式不能含有变量。例如,"int i=10; int a[i];"定义是错误的,因为当前的整型数组长度是变量 i,初值是 10,说明数组 a 有 10 个元素,每个元素是整型数据,在内存中占 2 字节,内存就会用 20 字节来存放数组 a,但是程序运行过程中 i 一旦发生变化,数组 a 在内存中所占空间就不再是 20 字节了。

6.1.3　一维数组元素的引用

C 语言规定只能逐个引用数组元素,而不能一次引用整个数组。一维数组的引用格式如下:

数组名[下标];

其中,下标表示数组中的某一个元素的顺序号,必须是整型常量、整型变量或整型表达式。例如,a[3]、a[3+2]、a[i]、a[i++]、a[i+j]。

在引用一维数组元素时要注意以下 4 个问题。

(1) 引用时,下标值若不是整型,C 语言系统会自动取整。例如,a[5.6]相当于 a[5]。

(2) 下标从 0 开始,而不是从 1 开始。

(3) 若数组的元素个数为 n,则下标表达式的范围是从 0 到 n−1,共 n 个整数,引用时下标不能超过或等于定义时的下标值,若超出这个范围就称为数组下标越界。例如,"int a[5]; a[5]=23;"。C 语言对数组不进行越界检查,因此,编译时没有错误提示,使用时要注意。

(4) 数组元素可以像普通数据一样进行赋值和算术运算以及输入和输出操作。

【例 6-1】　从键盘输入 4 个互不相同的整数,输出最小数。

```c
#include<stdio.h>
int main()
{
    int a[5];
    int i,min;
    for(i=0; i<5; i++)                    /*循环4次*/
        scanf("%d",&a[i]);
    min=a[0];                             /*数组引用,给min变量赋初值*/
    for(i=1; i<5; i++)
        if(min>a[i])                      /*数组引用,若min大于a[i]*/
            min=a[i];                     /*数组引用,将较小的赋给min*/
    printf("最小值为: %d",min);            /*输出最小值min*/
    return 0;
}
```

运行结果：

```
-8 12 6 7 0 2
最小值为： -8
```

程序说明：由于不能对数组整体进行(读取)操作，只能对数组的元素进行操作，因此，如果要输入或输出 a[0]~a[4] 的所有数据，需要用到循环语句，让循环变量从 0 到 4 循环，从而输入或输出数组中的每个数。

6.1.4　一维数组的初始化

数组的初始化是指在定义数组的同时，给其数组元素赋初值。数组初始化是在编译阶段进行的，这样就会减少程序的运行时间，从而提高程序效率。主要有以下 3 种情况。

(1) 全部初始化。

将各个数组元素的初值放在一对大括号中，数值的个数与数组元素的个数一一对应。赋值时，从左向右依次将大括号内的每个数赋给数组中的对应元素。

例如，"int a[6]={0,1,2,3,4,5};"等价于 a[0]=0,a[1]=1,a[2]=2,a[3]=3,a[4]=4,a[5]=6。

(2) 部分初始化。

可对部分元素赋初值，此时，未赋值元素将自动初始化为 0。

例如，"int a[6]={0,1,2,3};"等价于 a[0]=0,a[1]=1,a[2]=2,a[3]=3,a[4]=0,a[5]=0。

又如"int a[6]={0,3,0,0,7};"该数组共 6 个元素，其中 a[1]=3,a[4]=7,其余元素的初值都为 0。其等价于 a[0]=0,a[1]=3,a[2]=0,a[3]=0,a[4]=7,a[5]=0。

(3) 若对全部元素赋初值，则可省略数组下标。

例如，"int a[ ]={0,1,2,3,4,5};"等价于"int a[6]={0,1,2,3,4,5};"。

LOOK 名师点睛

(1) 只有在对数组进行初始化并给出了全部初值时，才允许省略数组长度。

(2) 若初值个数与元素个数不同，则必须指定数组长度。

(3) 若"{}"中数值的个数多于数组元素的个数，编译时将提示语法错误。

6.1.5　数组元素的输入与输出

scanf() 函数和 printf() 函数不能一次处理整个数组的多个元素，只能通过循环语句逐个处理，当下标 i 取不同值时，a[i] 代表不同的数组元素。

【例 6-2】　一维数组的输入与输出。

```
#include<stdio.h>
int main()
{
    int a[5];                        /*整型数组 a 最多存放 5 个元素*/
```

```
    int i;
    printf("输入数组 a(共 5 个整数):");
    for(i = 0; i < 5; i++)                    /* 循环 4 次 */
        scanf(" % d",&a[i]);
    printf("\n 输出数组 a:");
    for(i = 0; i < 5; i++)
        printf("a[ % d] = % d ",i,a[i]);
    return 0;
}
```

运行结果:

```
输入数组 a(共 5 个整数): 8 78 24 5 6
输出数组 a: a[0] = 8 a[1] = 78 a[2] = 24 a[3] = 5 a[4] = 6
```

程序说明:该程序第一个 for 循环用于输入数组元素,主要是通过控制下标来实现的;第二个循环用于逐个输出数组元素。

6.1.6   一维数组的应用

通过下列一维数组经典案例的学习,掌握数组常用操作的编程方法。与此同时,这些实例中有关数组的操作语句可以直接或间接嵌入其他应用程序中作为预制件使用。

【例 6-3】   求数组元素中的最大值 max 和最小值 min。

```
# include < stdio.h >
int main()
{
    int a[8];                          /* 整型数组 a 最多存放 8 个元素 */
    int i,max,min;
    printf("请输入 8 个整数:");
    for(i = 0; i < 8; i++)             /* 循环 4 次 */
        scanf(" % d",&a[i]);           /* 数组引用,给数组元素赋值 */
    max = a[0];   /* 将第 1 个元素 a[0]作为参照物,把 a[0]的值赋给变量 max 和 min,当作初值 */
    min = a[0];
    for(i = 1; i < 8; i++)
    {
        if(a[i]< min)
            min = a[i];
        if(a[i]> max)
            max = a[i];
    }
    printf("最大值 max 为 %d\n ",max);   /* 数组引用,输出数组中最大元素 */
    printf("最小值 min 为 % d\n ",min);   /* 数组引用,输出数组中最小元素 */
    return 0;
}
```

运行结果:

```
请输入 8 个整数: 6 12 8 - 9 34 89 1 0
最大值 max 为 89
最小值 min 为 - 9
```

　　程序说明：程序首先将第 1 个元素 a[0] 作为比较大小的参照物，把 a[0] 的值赋给变量
max 和 min，当作它们的初值。其后通过循环语句将数组中剩余的元素依次与 max 和 min
进行比较，若超过 max，则取代原 max 成为新的 max；若小于 min，则取代原 min 成为新的
min。这样遍历完所有的数组元素后，max 和 min 中保留的就是数组中的最大值和最小值。

　　【例 6-4】　斐波那契数列（Fibonacci sequence）又称黄金分割数列，因数学家莱昂纳多·斐
波那契（Leonardo Fibonacci）以兔子繁殖为例子而引入，故又称为"兔子数列"，指的是这样一个
数列：1,1,2,3,5,8,13,21,34,…编写程序，用数组实现 Fibonacci 数列的前 20 项。

```
# include < stdio. h >
int main()
{
    int n,f[20];                      /* 整型数组 a 最多存放 8 个元素 */
    f[0] = f[1] = 1;
    for(n = 2; n < 20; n++)
        f[n] = f[n-1] + f[n-2];       /* 计算 f[n]的值 */
    for(n = 0; n < 20; n++)
    {
        if(n % 4 == 0)                /* 若 n 能够被 4 整除 */
            printf("\n");             /* 每输出 4 个数后换行 */
        printf(" % 10d",f[n]);        /* 输出数列中所有的值 */
    }
    printf("\n");                     /* 输出换行 */
    return 0;
}
```

Fibonacci 数列的前 20 项运行结果如图 6-1 所示。

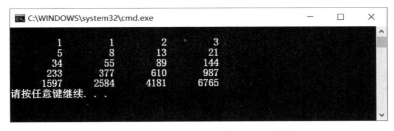

图 6-1　Fibonacci 数列的前 20 项运行结果

　　程序说明：根据题意，以 f[n] 表示第 n 项，Fibonacci 数列规律为 f[n]=f[n-2]+f[n-1]，
如此构成的数列为：f[0]=1,f[1]=1,f[2]=2,f[3]=3,…,f[n]=f[n-2]+f[n-1]。很
多数列问题都可以用类似于 Fibonacci 数列的方法进行存储和计算。

　　【例 6-5】　线性查找是指从数组的第 1 个元素开始，依次将要查找的数和数组中的元素
比较，直到找到该数或遍历完数组为止。

```
# include < stdio. h >
# define temp 10
int main()
{
    int a[temp] = {2,3,5,7,12,21,99,8,7,11};          /* 数组 a 存放 10 个整型数据 */
    int x,i,flag = 0; /* flag 用来判断查找是否成功,flag = 1 表示查找成功,flag = 0 表示查找
失败,初值为 0 */
```

```
printf("请输入需要查找的数字:");
scanf(" % d",&x);
for(i = 0; i < 10; i++)
    if(x == a[i])
    {
        flag = 1;
        break;                              /* 若找到 x,则退出循环 */
    }
if(flag == 1)                               /* 查找成功 */
    printf(" % d 在数组中是 a[ % d].",x,i);   /* 输出位置 */
else
    printf("数组中没有找到 % d\n.",x);
return 0;
}
```

运行结果:

```
请输入需要查找的数字: 99
99 在数组中是 a[6]。
```

程序说明:当找到 x 时,flag 赋值 1,通过 break 语句提前结束循环。若遍历完数组,没有找到 x,则 flag 值为 0,通过 flag 值的情况来决定输出的结果。

【例 6-6】 利用冒泡排序法对 10 个整数进行排序。

```
# include < stdio. h >
# define N 10
int main()
{
    int a[N] = {3,18,25,33,10,19,27,56,78,88};
    int i,j,t;
    for(i = 0; i < N-1; i++)            /* i 控制循环比较次数 */
        for(j = N-1; j > i; j-- )       /* j 控制本轮比较次数 */
        if(a[j-1] > a[j])               /* 若后者大于前者则交换数据 */
        {
            t = a[j-1];
            a[j-1] = a[j];
            a[j] = t;
        }
    printf("\n");
    for(i = 0; i < N; i++)
    printf(" % d ",a[i]);
    return 0;
}
```

运行结果:

```
3 10 18 19 25 27 33 56 78 88
```

程序说明:冒泡排序法的基本思想是将相邻两个数 a[0]和 a[1]比较,按由小到大的顺序将这两个数排好序,再依次对 a[1]与 a[2],a[2]与 a[3],…,直到最后两个数比较并排好序。此时,最大数已交换到最后一个位置,这算是完成了第 1 轮比较。经过若干轮比较后,较小的数依次"浮上"前面的位置,较大的数依次"沉底"到后面的位置。就像水泡上浮似的,所以称为"冒泡法"。

【例 6-7】　采用"选择法"对任意输入的 10 个整数由小到大排序。

```c
# include < stdio.h >
int main()
{
    int i,j,t,a[11];                    /*定义变量及数组为整型*/
    printf("请输入 10 个数: \n");
    for(i = 0; i < 10; i++)
        scanf("%d",&a[i]);              /*从键盘中输入要排序的 10 个数字*/
    for(i = 0; i < 10; i++)
        for (j = i + 1; j < 10; j++)
            if(a[i] > a[j])             /*如果前一个数比后一个数大,则变量 t 实现两值互换*/
            {
                t = a[i];
                a[i] = a[j];
                a[j] = t;
            }
    printf("排序后的顺序是: \n");
    for(i = 0; i < 10; i++)
        printf("%5d", a[i]);            /*输出排序后的数组*/
    printf("\n");
    return 0;
}
```

"选择法"对 10 个数由小到大排序结果如图 6-2 所示。

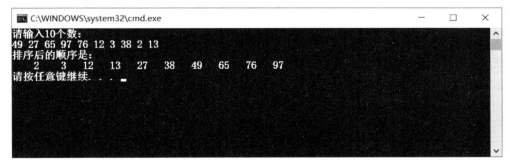

图 6-2　"选择法"对 10 个数由小到大排序结果

程序说明:选择法排序的基本思想是将 n 个数依次比较,保存最小数的下标位置,然后将最小数和第 1 个数组元素交换位置;接着再将 n−1 个数依次比较,保存次小数的下标位置,然后将次小数和第 2 个数组元素换位;按此规律直至比较换位结束。

名师点睛

数组的处理几乎总是与循环联系在一起,特别是 for 循环,循环控制变量一般又作为数组的下标,在使用中要注意数组下标的有效范围,避免越界。

🔑 6.2　二维数组

6.2.1　二维数组的定义

二维数组主要用于存放矩阵形式的数据,如二维表格等。其一般格式如下:

类型标识符 数组名[常量表达式1][常量表达式2];

其中,常量表达式1是数组元素的行数,常量表达式2是数组元素的列数。数据元素个数为常量表达式1×常量表达式2。与一维数组相同,下标值从0开始。

例如,定义"int a[3][4];",该数组元素的数据类型为整型,数组名为a,数组的大小为3×4=12个。数组元素存放形式如图6-3所示。

a[0][0]	a[0][1]	a[0][2]	a[0][3]
a[1][0]	a[1][1]	a[1][2]	a[1][3]
a[2][0]	a[2][1]	a[2][2]	a[2][3]

图 6-3　数组 a[3][4]元素存放形式

二维数组的下标在两个方向上变化,下标变量在数组中的位置处于一个平面之中,而不是像一维数组那样只是一个向量,然而内存是连续编址的,也就是说,内存单元是按一维线性排列的。二维数组内存存放形式如图6-4所示。在内存中存放二维数组,一般是按行序优先进行排列,即存放完一行之后,按顺序放入第2行,以此类推。

二维数组a[3][4]可以看成由3个元素组成的一维数组,每个元素a[i]又是包含4个元素的一维数组。数组在内存中按行顺序先存放a[0]行,再存放a[1]行,最后存放a[2]行。每行中的4个元素也依次存放。数组a为整型数据类型,为每个元素占2字节的内存空间。

a[0]	a[0][0]
	a[0][1]
	a[0][2]
	a[0][3]
a[1]	a[1][0]
	a[1][1]
	a[1][2]
	a[1][3]
a[2]	a[2][0]
	a[2][1]
	a[2][2]
	a[2][3]

图 6-4　二维数组内存
存放形式

6.2.2　二维数组元素的引用

和一维数组元素的引用一样,二维数组元素也是通过数组名和下标来引用的,只是这里需要两个下标。二维数组元素引用的格式如下:

数组名[行下标表达式][列下标表达式]

例如,"int a[2][3]; a[1][2]=5;"将第2行第3个元素赋值为5。

在引用二维数组元素时要注意以下3个问题。

(1)下标同一维数组一样,可以是整型常量或是整型表达式。行下标表达式的取值范围为0~行数-1,列下标表达式的取值范围为0~列数-1。

(2)对基本数据类型的变量所能进行的各种操作,也都适用于同类型的二维数组元素。

（3）要引用二维数组的全部数据，就要遍历二维数组，通常应使用二层嵌套的 for 循环：一般常把二维数组的行下标作为外循环的控制变量，把列下标作为内循环的控制变量。

【例 6-8】 通过键盘输入 3×5 的数组，然后显示该二维数组内容。

```c
#include <stdio.h>
int main()
{
    int i,j;
    int a[3][5];                        /* 整型二维数组 a 最多存放 3×5=15 个元素 */
    printf("请输入 3×5 的数组：\n");
    for(i = 0; i < 3; i++)              /* 控制行数 */
    {
        for(j = 0; j < 5; j++)         /* 控制每行输出的个数 */
        {
            scanf("%d",&a[i][j]);
        }
    }
    printf("输出后的数组为：\n");
    for(i = 0; i < 3; i++)
    {
        for(j = 0; j < 5; j++)
        {
            printf("%d\t",a[i][j]);    /* 数组引用，输出数组中每个元素 */
        }
        printf("\n");                  /* 每行输出结束后换行 */
    }
    return 0;
}
```

运行结果如图 6-5 所示。

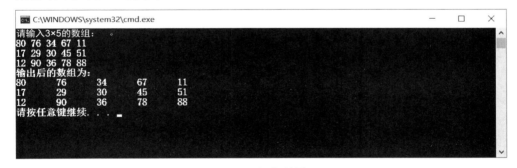

图 6-5 运行结果

程序说明：程序使用一个双重循环进行输入输出。内循环 5 次，用于输入输出列数组元素；外循环 3 次，用于输入输出行数组元素。

6.2.3 二维数组的初始化

二维数组的初始化也是在类型说明时给各个下标变量赋初值，主要有以下 3 种情况。

（1）分行初始化。

例如，"int a[2][3]={{1,2,3},{4,5,6}};"等价于 a[0][0]=1,a[0][1]=2,a[0][2]=

3,a[1][0]＝4,a[1][1]＝5,a[1][2]＝6。

也可以按行连续赋值。例如,"int a[2][3]＝{1,2,3,4,5,6};"。

(2) 部分初始化。

例如,"int a[2][3]＝{{1},{2,3}};"等价于a[0][0]＝1,a[0][1]＝0,a[0][2]＝0,a[1][0]＝2,a[1][1]＝3,a[1][2]＝0。

(3) 若对全部元素赋初值,则行数可以省略,但列数不能省略。

例如,"int a[2][3]＝{1,2,3,4,5,6};"等价于"int a[ ][3]＝{1,2,3,4,5,6};"。

6.2.4　二维数组的应用

【例 6-9】　编写程序,用二维数组输出直角杨辉三角。

```c
#include <stdio.h>
#define N 20                              /* 行数最大值 */
int main()
{
    int n,i = 0,j = 0;
    int a[N][N];
    printf("请输入杨辉三角的行数:");
    scanf("%d",&n);
    for(i = 0; i < n; i++)                /* 杨辉三角垂直和对角线上元素赋初值为 1 */
    {
        a[i][i] = 1;
        a[i][0] = 1;
    }
    for(i = 2; i < n; i++)                /* 中间每个元素值都为其上面和上面前一个元素值之和 */
    {
        for(j = 1; j < i; j++)
            a[i][j] = a[i-1][j-1] + a[i-1][j];
    }
    for(i = 0; i < n; i++)                /* 输出杨辉三角形 */
    {
        for(j = 0; j <= i; j++)
            printf("%d ",a[i][j]);
        printf("\n");
    }
    return 0;
}
```

运行结果如图 6-6 所示。

程序说明:杨辉三角的规律是第 0 列和对角线上的元素都为 1,其他元素的值均为前一行上同列元素和前一列元素之和。程序最开始将垂直和主对角线上的全部元素赋初值 0,然后再通过双重循环将剩余未赋初值的元素按照每个元素值 a[i][j] 等于它上面元素 a[i-1][j] 和上面前一个元素 a[i-1][j-1] 之和,将全部元素赋初值后,再通过一个双重循环体打印该二维数组,输出杨辉三角。

【例 6-10】　一个学习小组有 6 个人,每个人有三门课的考试成绩,如表 6-1 所示。求每门课的平均分和每个人的平均分。

图 6-6　直角杨辉三角

表 6-1　考试成绩

姓　　名	思 政 基 础	信息技术基础	C 语言程序设计
古小月	91	78	83
王小明	93	81	94
赵强	97	95	76
冯飞	92	67	85
张晓娜	93	91	90
倪妮	95	90	93

```c
#include<stdio.h>
int main()
{
    int i,j,s=0,v[3],w[6];
    int a[3][6]={{91,93,97,92,93,95},{78,81,95,67,91,90},{83,94,76,85,90,93}};
    for(i=0; i<3; i++)
    {
        for(j=0; j<6; j++)
            s+=a[i][j];                /*各科的分数累加*/
        v[i]=s/6;                      /*各科平均分*/
        s=0;                           /*s重新赋值0*/
    }
    for(j=0; j<6; j++)
    {
        for(i=0; i<3; i++)
            s+=a[i][j];                /*每个人的分数累加*/
        w[j]=s/3;                      /*每个人的平均分*/
        s=0;
    }
    printf("思政基础: %d 信息技术基础: %d C语言程序设计: %d\n",v[0],v[1],v[2]);
    printf("古小月: %d 王小明: %d 赵强: %d 冯飞: %d 张晓娜: %d 倪妮: %d\t",
            w[0],w[1],w[2],w[3],w[4],w[5]);
    return 0;
}
```

运行结果如图 6-7 所示。

程序说明：程序中使用双重循环。在内循环中依次读入 6 门课程的成绩，并把这些成绩累加起来，退出内循环后再把该累加成绩除以 6，赋值给 v[i]，存放该门课程的平均成绩。外循环共循环 3 次，分别求出 3 门课各自的平均成绩并存放在 v 数组中，退出外循环后计算平均成绩,输出各自的成绩。

图 6-7   运行结果

【例 6-11】   求一个 3×3 矩阵的两条对角线元素之和(两条对角线交叉点处的元素只计算一次)。

```c
#include < stdio.h>
int main()
{
    int a[3][3];                         /* 定义 3×3 的矩阵 */
    int i,j,sum,result1 = 0,result2 = 0;
    for(i = 0; i < 3; i++)
    {
        printf("输入一行:");
        for(j = 0; j < 3; j++)
        {
            scanf(" % d",&a[i][j]);      /* 逐行输入矩阵 */
            if(i == j)                   /* 若下标相同,则累加到 result1 */
                result1 += a[i][i];
            if(i + j == 2&&i!= j)        /* 若下标不同且和为 2,则累加到 result2 */
                result2 += a[i][j];
        }
    }
    sum = result1 + result2;
    printf("sum = % d\n",sum);
    return 0;
}
```

运行结果如图 6-8 所示。

图 6-8   运行结果

程序说明:程序中使用双重循环。将两个下标一致的元素(对角线上的元素)累加到result1;将两个下标不一致,但它们的和等于 2 的元素(另一条对角线上并不交叉点处的元素)累加到 result2,result1、result2 相加得到最后的结果并输出。

6.3　字符数组

6.3.1　字符数组的定义

字符数组是数组元素类型为字符型的数组,字符数组中的每一个元素均为字符类型。字符数组包括一维字符数组和二维字符数组。一维字符数据一般格式如下:

```
char 数组名[常量表达式];
```

例如,定义"char s[10];",该数组元素的类型为字符型,数组名为 s,数组的长度为 10。

定义"char str[3][5];",该数组元素的数据类型为字符型,数组名为 str,数组的大小为 3×5=15 个。

6.3.2　字符数组的初始化

字符数组同样允许在定义时进行初始化赋值。字符数组初始化的过程与数值型数组初始化的过程类似。主要有以下 4 种情况。

(1) 逐个字符赋值。

例如,"char ch[5]={'C','H','I','N','A'};"等价于 a[0]='C',a[1]='H',a[2]='I',a[3]='N',a[4]='A'。

(2) 用字符串常量赋值。

把字符串存入一个数组时,结束符\0 一起存入数组,并以此作为该字符串的结束标志。因此,计算字符数组长度时,至少为字符串长度加 1。

例如,"char ch[6]={"CHINA"};"等价于 a[0]='C',a[1]='H',a[2]='I',a[3]='N',a[4]='A',a[5]='\0'。

(3) 若字符数组为全部显式赋值,则字符数组的长度可以由初值确定。

例如,"char ch[5]={'C','H','I','N','A'};",编译系统会计算出该字符数组 ch 的长度是 5。

(4) 部分初始化,其中未赋值的元素会自动赋值为"\0"。

例如,"char ch[5]={'C','H','I'};"等价于 a[0]='C',a[1]='H',a[2]='I',a[3]='\0',a[4]='\0'。

6.3.3　字符数组的应用

【例 6-12】　编写程序,将字符串"I Love CHINA!"中的字符存放在一维数组中并输出。

```
#include<stdio.h>
int main()
{
    int i;
```

```
char a[ ] = {'I',' ','L','o','v','e',' ','C','H','I','N','A','!'};      /*初始化字符数组*/
for(i = 0; i < 13; i++)                              /*输出字符数组 a 中每个元素的值*/
      printf("%c ",a[i]);                            /*输出字符用%c*/
printf("\n");
return 0;
}
```

运行结果:

```
I Love CHINA!
```

程序说明:先定义并初始化一个字符数组,然后用循环逐个输出此字符数组中的字符。

【例 6-13】 办公桌上有 6 份学生的"品德修养"试卷需要审核,当某份试卷已经被审核后,教师便在上面做一个标记 Y,否则标记 N,表示尚未审核。编写程序要求教师随机抽取一份试卷,判断其是否已审核过。

```
#include < stdio.h >
int main()
{
    int num;
    char a[7] = {'Y','Y','N','Y','Y','N'};      /*初始化元素个数是 6 的字符数组 a,下标对应申
请书的编号 0~5,值为 Y 或 N*/
    printf("请输入试卷的编号(0~5):");
    scanf("%d",&num);
    if(a[num] == 'Y')
          printf("这份试卷已审核!\n");
    else
          printf("这份试卷未审核!\n");
    return 0;
}
```

运行结果:

```
请输入试卷编号(0~5): 3
这份试卷成绩已审核!
```

6.3.4 字符串

C 语言没有提供专门的字符串数据类型,可以通过字符数组来处理字符串。但必须在字符数组末尾加上串结束符"\0",以此作为该字符串是否结束的标志。

例如,定义"char ch[14];"用于存放字符串"I Love CHINA",则内存中该字符数组的存放形式如图 6-9 所示。

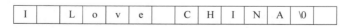

| I | | L | o | v | e | | C | H | I | N | A | \0 | |

图 6-9 字符数组的存放形式

1. 字符数组的初始化

字符数组的初始化有两种方法。

（1）用字符常量初始化数组。用字符常量给字符数组赋初值时,要用大括号将赋值的字符常量括起来。例如,"char str[6]={'C', 'H', 'I', 'N', 'A','\0'};",该数组 str[6]被初始化为"CHINA",最后一个元素的赋值'\0'可以省略。

（2）用字符串常量初始化数组。

例如,"char str[6]={"CHINA"};"等价于"char str[6]="CHINA";"。

名师点睛

字符数组初始化时应注意以下 4 个问题。

（1）如果提供赋值的字符个数多于数组元素的个数,则为语法错误。例如,"char str[4]={'C', 'H', 'I', 'N', 'A'}; char str[4]="CHINA;"。

（2）如果提供赋值的字符个数少于数组元素的个数,则多余数组元素自动赋值'\0'。例如,"char str[20]="CHINA";",字符数组 str 从第 6 个元素开始,之后全部赋值'\0'。

（3）用字符串常量初始化时,字符数组的下标可以省略,其数组元素个数由赋值的字符串的长度决定。

（4）初始化时,若字符个数与数组长度相同,则字符末尾不加'\0',此时字符数组不能作为字符串处理,只能作为字符逐个处理。例如,"char str[5]={'C', 'H', 'I', 'N', 'A'};"不能作为字符串处理。

2．字符串的结束标志"\0"

计算字符数组长度时,至少为字符串长度加 1。例如,"CHINA"共 5 个字符,在内存占 6 字节,字符串自身长度为 5。字符在内存中以字符的 ASCII 码形式存放。

3．字符数组的输入输出

字符数组的输入输出主要有两种方式。

（1）逐个字符输入输出。

① 格式化输入输出函数可以输入输出任何类型的数据。若要输入输出字符,使用格式符%c。

从键盘读取一个字符:

```
scanf("%c",数组元素地址);
```

向显示器输出一个字符:

```
printf("%c",数组元素地址);
```

【例 6-14】　使用格式化输入输出函数,编程实现从键盘输入一个字符串,并将该数组输出。

```
#include<stdio.h>
int main()
{
    char a[18];
    int i;
```

```
        for(i = 0; i < 18; i++)
            scanf(" % c",&a[i]);          /* 用格式化 scanf()函数对字符数组进行赋值 */
        for(i = 0; i < 18; i++)
            printf(" % c",a[i]);           /* 用格式化 printf()函数输出字符数组中的内容 */
        printf("\n");
        return 0;
}
```

运行结果：

```
I love my country!
I love my country!
```

程序说明：结合循环语句实现所有元素的输入输出，输入时空格也算一个字符，如果输入多于18个字符，当输出数组时也只能输出前18个字符。

② 使用字符输入输出函数。

getchar()函数为字符输入函数，调用格式为：

```
getchar();
```

putchar()函数为字符输出函数，调用格式为：

```
putchar(字符名);
```

【例 6-15】 使用字符输入输出函数，编程实现从键盘输入一个字符串，并将该字符串用数组输出。

```
# include < stdio. h >
int main()
{
        char a[18];
        int i;
        for(i = 0; i < 18; i++)
            a[i] = getchar();        /* 用 getchar()函数对字符数组进行赋值 */
        for(i = 0; i < 18; i++)
            putchar(a[i]);            /* 用 putchar()函数输出字符数组中的内容 */
        printf("\n");
        return 0;
}
```

运行结果：

```
I love my country!
I love my country!
```

(2) 整个字符串一次输入输出。

① 利用格式化输入输出函数输出字符串，使用格式符%s。

从键盘读取一串字符：

```
scanf(" % s",数组名);
```

向显示器输出一串字符：

```
printf("%s",数组名);
```

名师点睛

　　当输入完字符串时,字符数组会自动包含一个'\0'结束标志。输出字符串时,遇'\0'结束。

【例6-16】　使用格式化输入输出函数,将整个字符串一次输入输出。

```
#include<stdio.h>
int main()
{
    char a[6];
    scanf("%s",a);        /*用scanf()函数对字符串数组进行赋值*/
    printf("%s",a);       /*用printf()函数输出字符数组中的内容*/
    return 0;
}
```

运行结果：

```
CHINA
CHINA
```

② 使用字符串输入输出函数。

gets()函数为字符串输入函数,调用格式为：

```
gets(字符串数组名)
```

puts()函数为字符串输出函数,调用格式为：

```
puts(字符串数组名)
```

【例6-17】　使用字符串输入输出函数,将整个字符串一次输入输出。

```
#include<stdio.h>
int main()
{
    char a[20];
    gets(a);        /*用gets()函数对字符串数组进行赋值*/
    puts(a);        /*用puts()函数输出字符数组中的内容*/
    return 0;
}
```

运行结果：

```
I love my country!
I love my country!
```

程序说明：实现字符串的输入输出,需要特别注意数组元素的溢出问题。

6.3.5　常用字符串处理函数

C语言函数库提供了丰富的函数集,需要在程序开头添加预编译命名: ♯ include
< string. h >。

1. 字符串长度——strlen()函数

strlen()函数是返回字符串的实际长度(不包含字符串结束标志'\0')并作为函数返回
值。strlen()函数一般格式如下:

```
strlen(字符数组名)
```

【例 6-18】　编写程序求字符串的长度。

```
# include < stdio. h >
# include < string. h >
int main()
{
    int k;                              /* 变量 k 存放字符串的长度 */
    char s[] = "i love my country!";    /* 初始化字符串 s */
    k = strlen(s);                      /* 调用 strlen()函数求字符串 s 的长度 */
    printf("字符串长度为: % d\n",k);
    return 0;
}
```

运行结果:

```
字符串长度为: 18
```

程序说明:字符串长度包括空格,但不包括字符串结束标志'\0'。

2. 字符串连接——strcat()函数

strcat()函数把字符数组 2 中的字符串连接到字符数组 1 中字符串的后面,并删除字符
串 1 后面的串结束标志'\0',新串以字符数组 2 的'\0'作为结束标志,返回值是字符数组 1 的
首地址。strcat()函数的一般格式如下:

```
strcat(字符数组 1,字符数组 2)
```

【例 6-19】　编写程序实现将两个字符串相连接后输出。

```
# include < stdio. h >
# include < string. h >
int main()
{
    int k;                              /* 变量 k 存放字符串的长度 */
    char s1[30] = "I love my country";  /* 初始化字符串 s1 */
    char s2[] = " -- China!";           /* 初始化字符串 s2 */
    strcat(s1,s2);                      /* 调用 strcat()函数 */
    puts(s1);
    return 0;
}
```

运行结果：

```
I love my country -- China!
```

程序说明：将字符串 s2 连接到 s1 的后面，在定义 s1 时要保证空间足够大。也就是 s1 和 s2 加起来的字符个数要小于 s1 定义的数据元素个数。

3. 字符串复制——strcpy()函数

strcpy()函数把字符数组 2 中的字符串复制到字符数组 1 中。串结束标志'\0'也一同复制。字符数组 2 也可以是一个字符串常量，这时相当于把一个字符串赋予一个字符数组。返回值是字符数组 1 的首地址。strcpy()函数的一般格式如下：

```
strcpy(字符数组 1,字符数组 2)
```

【例 6-20】 编写程序实现将字符串 2 中的字符复制到字符串 1 中。

```
# include < stdio. h >
# include < string. h >
int main()
{
    char s1[20],s2[] = "Chinese power!";        /* 定义字符串 s1、s2 并为 s2 赋初值 */
    strcpy(s1,s2);                              /* 调用 strcpy()函数 */
    puts(s1);
    return 0;
}
```

运行结果：

```
Chinese power!
```

4. 字符串比较——strcmp()函数

strcmp()函数将两个数组中的字符串从左至右逐个比较，比较字符的 ASCII 码大小，直到遇到不同字符或'\0'为止。返回值是 int 型数据。

（1）若字符串 1＝字符串 2，则返回值为 0。

（2）若字符串 1＞字符串 2，则返回正整数。

（3）若字符串 1＜字符串 2，则返回负整数。

strcmp()函数一般格式如下：

```
strcmp(字符数组 1,字符数组 2)
```

【例 6-21】 比较两个字符串的大小，并输出结果。

```
# include < stdio. h >
# include < string. h >
int main()
{
    int k;                          /* 定义变量 k 存放 strcmp()函数返回值 */
    char s1[20],s2[15];             /* 定义字符串 s1、s2 并为 s2 赋初值 */
```

```
            printf("请输入第一个字符串:");
            gets(s1);
            printf("请输入第二个字符串:");
            gets(s2);
            k = strcmp(s1,s2);          /* 调用 strcmp()函数 */
            if(k == 0)                  /* 返回值为 0,字符串 s1 = 字符串 s2 */
                printf("s1 = s2\n");
            if(k > 0)                   /* 返回值> 0,字符串 s1>字符串 s2 */
                printf("s1 > s2\n");
            if(k < 0)                   /* 返回值< 0,字符串 s1<字符串 s2 */
                printf("s1 < s2\n");
            return 0;
        }
```

运行结果:

```
请输入第一个字符串: target
请输入第二个字符串: targets
s1 < s2
```

程序说明:字符串相等不能使用"＝＝",必须使用 strcmp()函数。输入不同字符串,返回值不同,可以根据返回值判断字符串的大小。

6.3.6　字符串处理函数的应用

【例 6-22】　输入一组字符串,以输入空串结束输入,找出最大的字符串(设串长不超过80 个字符)。

```
#include<stdio.h>
#include<string.h>
int main()
{
    char smax[80],s[80];           /* 定义数组 smax 和数组 s */
    smax[0] = '0';                 /* 设置数组 smax 为空,也可设置 smax[0] = '0' */
    do
    {
        printf("请输入字符串:");
        gets(s);                   /* 读取字符串 */
        if(strcmp(s,smax)>0)
            strcpy(smax,s);        /* 若 s 比 smax 大,则把数组 s 赋值给数组 smax */
    }while(s[0]!= '0');
    printf("最大的字符串是:");
    puts(smax);
    return 0;
}
```

运行结果如图 6-10 所示。

程序说明:用 gets()函数读取字符串,设置一个最大字符串数组 smax,第一次设置smax 为空串,每读一个字符串 s 就把它与保存在 smax 中的字符串比较,若 s>smax 则用 s替换 smax,否则 smax 保持不变,当所有的字符串输入完毕后,smax 中存储的就是最大字符串。

图 6-10　查找最大字符串运行结果

【例 6-23】　输入一个字符串,把其中的所有大写字母转换为小写字母,其余不变。

```
# include < stdio. h >
# include < string. h >
int main()
{
    int i = 0;
    char s[80];                      /* 定义数组 s */
    printf("请输入字符串:");
    gets(s);                         /* 读取字符串 */
    while(s[i])                      /* s[i] = '\0'时条件才为假 */
    {
        if(s[i]> = 'A'&&s[i]< = 'Z')
            s[i] = s[i] + 32;        /* 把大写字母转换为小写字母 */
        i++;
    }
    printf("转换后的字符串是:");
    puts(s);
    return 0;
}
```

运行结果:

```
请输入字符串: I Love CHINA
转换后的字符串是: i love china
```

程序说明:输入的字符串 s,逐个检查它的每一个字符 s[i],i＝0,1,…,strlen(s)－1,检查 s[i]是否是大写,如是则把它转换为小写,否则不变。

【例 6-24】　在使用计算机的过程中,需要输入正确的用户名和密码才可以进入系统,否则就不允许进入系统。编写程序,模拟计算机系统登录,提示用户输入用户名和密码,模拟登录,输入 3 次错误则退出程序。

```
# include < stdio. h >
# include < string >
int main(void)
{
    char name[30];                   /* 定义数组存储用户名 */
    char password[30];               /* 定义数组存储密码 */
```

```
        int count = 0,flag = 0;              /*定义 flag 记录输入正确,count 统计输入错误次数*/
        while(1)
        {
                printf("请输入用户名\n");
                gets(name);
                printf("请输入密码\n");
                gets(password);
                if(strcmp(name,"china") == 0&&strcmp(password,"pass133") == 0)
                {
                        flag = 1;            /*输入用户名和密码正确,退出循环*/
                        break;
                }
                else
                {
                        printf("输入错误!请再次输入用户名和密码\n");
                }
                count++;
                if(3 == count)
                        break;
        }
        if( flag == 1)
                printf("登录成功\n");
        else
                printf("请三天后再次尝试\n");
        return 0;
}
```

运行结果如图 6-11 所示。

图 6-11　模拟系统登录运行结果

程序说明：定义两个字符数组，一个存储用户名，一个存储密码。flag 统计输入正确次数，count 统计错误次数。strcmp()函数进行用户名和密码匹配比较。如果用户名和密码都正确则可以进入系统，最多输入 3 次，如果还不正确就退出系统。

🔑 6.4　常见错误分析

6.4.1　数组下标越界

在定义数组时，将定义的"元素个数"误认为是"可使用的最大下标值"就会出现下标越界问题。

【例 6-25】　数组下标越界。

```
#include<stdio.h>
int main()
{
    int a[5]={1,2,3,4,5};
    int i;
    for(i=0; i<=5; i++)          /*下标应该从 0 到 4*/
        printf("%d\t",a[i]);
    return 0;
}
```

运行结果：

```
1   2   3   4   5   -858993460
```

错误分析：在 C 语言中，数组的下标是从 0 开始的，因此，数组 a 只包括 a[0～]a[4]这 5 个元素，想引用 a[5]，就超出了数组 a 的范围。但是在程序编译时，C 编译系统对此并不报错，编译能够通过，但运行结果不对。

6.4.2　二维数组的引用错误

初学者很容易将数学中的用法习惯性地用于 C 程序中。

【例 6-26】　二维数组引用错误。

```
#include<stdio.h>
int main(void)
{
    int a[2][3]={1,2,3,4,5,6};
    printf("%d",a[0,1]);              /*二维数组引用错误*/
    return 0;
}
```

运行结果：

```
7798208
```

错误分析：在 C 语言中规定，二维数组的定义和引用时必须将每一维的数据分别用中括号括起来。根据 C 语言的语法规则，在一个中括号中的是一维的下标表达式，系统把 a[0,1]中括号中的"0,1"作为一个逗号表达式处理，值为 1。所以 a[0,1]相当于 a[1]，而 a[1]是数组 a 的第 2 行的首地址。因此，执行 printf()函数输出的结果并不是 a[0][1]的值，而是数组 a 第 2 行的首地址。

6.4.3　给字符数组赋值字符串

初学者由于看到数组初始化的情形，就以为能够把字符串赋给一个数组。

【例 6-27】　给字符数组赋值字符串。

```
#include<stdio.h>
int main(void)
```

```
{
    char s[5];
    s = "china";                /*给字符数组赋值字符串*/
    printf(" %s",s);
    return 0;
}
```

编译报错信息如图 6-12 所示。

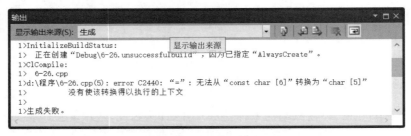

图 6-12　给字符数组赋值字符串编译报错信息

错误分析：s 是数组名,代表数组首地址。在编译时对 s 数组分配了一段内存单元,因此,在程序运行期间是一个常量,不能再被赋值。

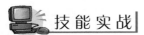 技能实战

6.5　回文字符串应用实战

视频讲解

6.5.1　实战背景

回文字符串(也称回文串)是一种特殊的字符串,它从左往右读和从右往左读是一样的。

6.5.2　实战目的

(1)掌握字符数组的定义、输入输出的使用方法。

(2)字符串处理函数 gets()函数、strlen()函数的使用方法。

6.5.3　实战内容

编程实现,输入一个字符串,判断其是否为回文字符串。

6.5.4　实战过程

```
#include <stdio.h>
#include <string.h>
int main()
{
    char s[100];                /*存放输入的字符串*/
    int i, j, n;
    printf("输入字符串:");
```

```
    gets(s);                    /*获取输入的字符串*/

    n = strlen(s);              /*计算输入字符串的实际长度*/
    for(i = 0,j = n - 1; i < j; i++,j--)
        if(s[i]!= s[j])
            break;
        if(i > = j)
            printf("是回文串\n");
        else
            printf("不是回文串\n");
    return 0;
}
```

技能实战运行结果如图 6-13 所示。

图 6-13　技能实战运行结果

6.5.5　实战意义

通过实战,进一步掌握了字符串函数的使用方法,掌握简单算法的基本思想,为后续课程学习奠定基础。

指　　针

CHAPTER **7**

 脉络导图

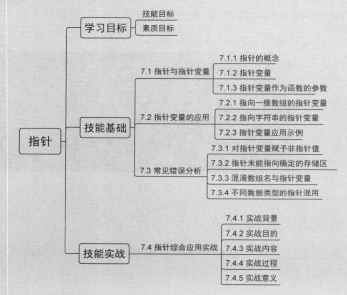

 学习目标

技能目标：

（1）具有分析问题、解决问题的能力和项目团队合作能力。

（2）掌握 C 语言程序设计模块化编程的思路。

（3）掌握指针的定义和使用，以及指针作为函数参数的功能实现。

（4）熟悉 C 语言的语法规则，具有程序运行调试与维护能力。

素质目标：

（1）通过指针学习，培养学生高效处理问题的能力。

（2）通过指针实现函数之间的共享变量或数据结构，培养学生资源共享、团队合作的意识。

案例导读

技能基础

7.1　指针与指针变量

7.1.1　指针的概念

1. 内存地址

计算机硬件系统的内存储器中拥有大量的存储单元,当需要执行磁盘上的某一可执行程序时,操作系统负责将它调入内存。具体地说,内存中存放了程序中的语句、函数、常量、变量等。不同的语句、函数、常量、变量在内存中的位置是不同的。一般把存储器中的 1 字节称为一个内存单元,不同的数据类型所占用的内存单元数不等。为了正确地访问这些内存单元,必须为每个内存单元编号,然后根据内存单元的编号即可准确地找到该内存单元。内存单元的编号也叫作"内存地址"。

每个存储单元都有唯一的地址,就如同每个人都有一个身份证号码、宿舍楼中的每一个房间都有房间编号、电影院中的每个座位都有一个座位号一样,否则无法管理。

> **名师点睛**
>
> 内存单元的地址与内存单元中的数据是两个完全不同的概念。如同宿舍房间号(地址)与住在其中的人(数据)一样,是完全不同的两回事。

2. 变量名、变量地址和变量值

"变量名"是给内存空间取一个容易记忆的名称,如同上网时的域名一样,可方便用户使用(实际上起作用的是 IP 地址);"变量地址"是系统分配给变量的内存单元的起始地址;"变量值"是变量的地址所对应的内存单元中所存放的数值或内容。

为了帮助读者理解三者之间的联系与区别,不妨举个例子。假如有一幢教师办公楼,各房间都有一个编号,如 1001、1002、1003……一旦各房间被分配给相应的院系部门后,各房间就挂起了部门名称牌,如电子信息系、汽车工程系、工商管理系、旅游艺术系等。假设电子信息系被分配在 1001 房间,若要找电子信息系的教师(即值或内容),可以取电子信息系找(按名称找),也可以去 1001 房间找(按地址找)。类似地,对一个存储空间的访问既可以指出它的名称,也可以指出它的地址。

凡在程序中定义的变量,当程序编译时,系统都会给它们分配相应的存储单元。计算机的 C 语言系统给整型变量分配 2 字节,给浮点型变量分配 4 字节。每个变量所占的存储单元都有确定的地址,具体的地址是在编译时分配的。例如,"int a=7,b=8; float c=2.8;",其在内存中的情况如图 7-1 所示。

要访问内存中的变量,在程序中是通过变量名来引用变量的值。例如,"printf("%d",a);"。实际上,在编译时,每一个变量名将对应一个地址,在内存中是不再出现变量名而只有地址。程序中若引用变量 a,系统便会找到其对应的地址 2000,然后从 2000 和 2001 这两字节中取出相应的值。例如,"scanf

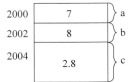

图 7-1　内存分配的存储单元

("%d",&b);",其中的 &b 指的是变量 b 的地址(& 是地址运算符),执行 scanf()函数时,将从键盘输入一个整数值送到 &b(即地址 2002)所标示的存储单元中。

从用户角度看,访问变量 a 和访问地址 2000 是对同一内存单元的两种访问形式;而对系统来说,对变量 a 的访问,归根结底还是对地址的访问,内存中并不存在变量名 a,而是系统将变量 a 与地址 2000 建立了对应关系。因此,执行语句"int a=7,b=8; float c=2.8;"时,编译系统会将数值 7、8 和 2.8 依次填充到地址为 2000、2002 和 2004 的内存空间中。

3. 变量的访问形式

系统对变量的访问形式可分为直接访问和间接访问。

(1) 直接访问。

要访问变量必须通过地址找到该变量的存储单元。由于通过地址可以找到变量单元,因此可以说一个地址"指向"一个变量存储单元。例如,地址 2000 指向变量 a,地址 2002 指向变量 b 等。这种通过变量名或地址访问一个变量值的方式称为"直接访问"。

> **LOOK 名师点睛**
>
> 用变量名对变量的访问也属于"直接访问",因为在编译后,变量名和变量地址之间建立了对应关系,对变量名的访问,系统会自动转换为利用地址对变量的访问。

(2) 间接访问。

"间接访问"方式是把一个变量的地址放在另一个变量中,利用这个特殊的变量进行访问。如图 7-2 所示,特殊变量 p 存放的内容是变量 d 的地址,利用变量 p 来访问变量 d 的方法为"间接访问"。

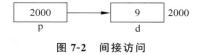

图 7-2　间接访问

> **LOOK 名师点睛**
>
> 存放地址的变量是一种特殊的变量,它只能用来存放地址,而不能用来存放其他类型(如整型、实型、字符型)的数据,需要专门加以定义。

4. 两种访问方式的比较

为了让读者更容易理解两种访问方式的实质和不同,不妨再打个比喻。假设为了开一个 A 抽屉,共有两种办法:一种是将 A 的钥匙带在身上,需要时直接找出 A 的钥匙打开抽屉,取出所需的东西,这相当于直接访问;另一种办法是为了安全起见,将 A 的钥匙放到另一个抽屉 B 中锁起来,若需要打开 A 抽屉,就需要先找出 B 的钥匙,打开 B 抽屉后取出 A 钥匙,然后再打开 A 抽屉,最后才能取出 A 抽屉中的所需之物,这就是"间接访问"。

> **LOOK 名师点睛**
>
> "指针"这个名词是为了形象地表示访问变量时的指引关系,不要认为在内存中真的有一个像时钟似的"针"在移动。一般说的指针,习惯上是表示指针变量,它实际上只是存放了一个变量的地址而已。

7.1.2　指针变量

1. 指针变量的定义

存放地址的变量称为指针变量。指针变量是一种特殊的变量,它不同于一般的变量,一般变量存放的是数据本身,而指针变量存放的是数据的地址。C 语言规定所有变量在使用前都必须定义,系统会按数据类型分配内存单元,所以指针变量必须定义为"指针类型"。指针变量定义的一般格式如下:

> 基类型　∗指针变量名

其中,基类型是该指针变量所指向的变量的类型,也就是指针变量所存储变量地址的那个变量的类型。例如,"int ∗ p; float ∗ point1; char ∗ point2;"分别定义了基类型为整型、实型和字符型指针变量 p、point1 和 point2。有了这些定义,指针变量 p 只能存储 int 类型变量的地址,point1 只能存储 float 类型变量的地址,point2 只能存储字符型变量的地址。

> **名师点睛**
>
> (1) 定义变量时,指针变量前的"∗"是一个标志,表示该变量的类型为指针型变量。
> (2) 指针变量存放某一类型变量的地址。而指针常量是指所引用的对象的地址不能改变的指针。

2. 指针变量的初始化和赋值

在 C 语言中,用指针来表示一个变量指向另一个变量这样的指向关系。那么如何使一个指针变量指向一个普通类型的变量呢? 只要将需要指向的变量的地址赋给相应的指针变量即可。例如,"int ∗ p; int a＝3; p＝&a;"就实现了指针变量 p 指向变量 a。

当然,指针变量也可将定义说明与初始化赋值合二为一,则上面的情况也可用"int a＝3; int ∗ p＝&a;"实现。

在定义一个指针变量后,编译器不会自动为其赋值,此时指针变量的值是不确定的。事实上,指针变量必须被赋值语句初始化后才能使用,否则,直接使用会带来内存错误。指针可被初始化为 0、NULL 或某个地址,具有值为 NULL 的指针不指向任何值,NULL 是在头文件< stdio. h >(以及其他几个头文件)中定义的符号常量。把一个指针初始化为 0,等价于把它初始化为 NULL。

空指针 NULL 是一个特殊的值,将空指针赋值给一个指针变量后,说明该指针变量的值不再是不确定的,而是一个有效值,只是不指向任何变量。指针变量只能接收地址。例如,"int ∗ p,a＝100; p＝a;"赋值方法是错误的。

3. 指针变量的运算

前面曾谈到指针变量同普通变量一样,使用之前不仅要定义说明,而且必须赋予具体的值,未经赋值的指针变量不能使用,否则将造成系统混乱,甚至死机。指针变量的赋值只能赋予地址,绝不能赋予任何其他数据,否则也将会引起错误。在 C 语言中,变量的地址是由编译系统分配的,所以用户不知道变量的具体地址。

（1）指针运算符。

① 取地址运算符 &。该运算符是单目运算符，其结合性为自右至左，其功能是取变量的地址。

② 取内容运算符 *。该运算符是间接引用运算符，其结合性为自右至左，用来表示指针变量所指的变量。在 * 运算符后跟的变量必须是指针变量。

> **名师点睛**
>
> 取内容运算符"*"与指针变量定义时出现的"*"意义完全不同，指针变量定义时，"*"仅表示其后的变量是指针类型的变量，是一个标志，而取内容运算符是一个运算符，其运算后的值是指针所指向的对象的值。

【例 7-1】 验证运算符 * 和 & 的作用。

```c
#include <stdio.h>
int main()
{
    int i = 52, j = 10;
    int * pi, * pj;                /* 指针变量定义 */
    pi = &i;                       /* 使指针变量 pi 指向 i */
    pj = &j;                       /* 使指针变量 pj 指向 j */
    printf("%d, %d\n", i, j);      /* 直接访问变量 i, j */
    printf("%d, %d\n", * pi, * pj);/* 间接访问变量 i, j */
    printf("%x, %x\n", &i, &j);    /* %x 是十六进制的输出格式 */
    printf("%x, %x\n", pi, pj);
    return 0;
}
```

运行结果：

```
52,10
52,10
65fe0c,65fe08
65fe0c,65fe08
```

（2）指针变量的算术操作。

允许用于指针的算术操作只有加法和减法。若有定义"int n, * p;"，表达式 p+n(n≥0)指向的是 p 所指的数据存储单元之后的第 n 个数据存储单元，而不是简单地在指针变量 p 的值上直接加数值 n，其中数据存储单元的大小与数据类型有关。

若指针变量 p1 是整型的指针变量，其初始值为 2000，整型的长度是 2 字节，则表达式"p1++;"是将 p1 的值变成 2002，而不是 2001。每次增量之后，p1 都会指向下一个单元。同理，当 p1 的值为 2000 时，表达式"p1--;"将 p1 的值变成 1998。

（3）指针值的比较。

使用关系运算符<、<=、>、>=、==和!=，可以比较指针值的大小。

如果 p 和 q 是指向相同类型的指针变量，并且 p 和 q 指向同一段连续的存储空间（如 p 和 q 都指向同一数组的元素），p 的地址值小于 q 的值，则表达式 p<q 的结果为 1，否则表达

式 p<q 的结果为 0。参与比较的指针指向的空间一定在一个连续的空间内,如都指向同一数组。

【例 7-2】　输入 a 和 b 两个整数,按从大到小的顺输出两个数。

```
# include < stdio.h >
int main()
{
    int a,b, * p, * p1, * p2;
    scanf(" % d % d",&a,&b);
    p1 = &a;                              /* 为指针变量赋值 */
    p2 = &b;
    if(a < b)
    {
        p = p1;
        p1 = p2;
        p2 = p;
    }
    printf("a = % d,b = % d\n",a,b);       /* 直接访问变量 i,j */
    printf("max = % d,min = % d\n", * p1, * p2);   /* 间接访问变量 i,j */
    return 0;
}
```

运行结果:

```
3 7
a = 3,b = 7
max = 7,min = 3
```

程序说明:该程序定义了 3 个指针变量 p、p1 和 p2,在比较过程中,不是直接交换 a 与 b 的值,而是通过交换指针变量的指向来实现的。最初指针变量 p1 和 p2 分别指向变量 a 和 b,当 a 小于 b 时,通过交换指针指向,使指针变量 p1 转而指向 b,p2 指向 a。

7.1.3　指针变量作为函数的参数

1. 问题的提出

函数的参数不仅可以是整型、实型和字符型,还可以是指针类型。当是指针类型时,它的作用是将一个变量的地址传送到另一个函数中。在 C 语言中,函数参数的传递是单向值传递。数值只能从调用函数向被调用函数传递,不能反过来传递,形参值的改变不会反过来影响实参的改变。例 7-3 就试图用一个被调函数实现主调函数中变量值的改变,但这是无法实现的。

【例 7-3】　试图交换变量值的程序。

```
# include < stdio.h >
void swap(int a,int b)
{
    int temp;
    temp = a;
    a = b;
    b = temp;
```

```
        printf("in the function swap: a = % d b = % d\n",a,b);
}
int main()
{
        int i = 133,j = 58;
        printf("before calling: i = % d j = % d\n",i,j);
        swap(i,j);
        printf("after calling: i = % d j = % d\n",i,j);
        return 0;
}
```

运行结果：

```
before calling: i = 133 j = 58
in the function swap: a = 58 b = 133
after calling: i = 133 j = 58
```

程序说明：

(1) 此例中,i 和 j 的值正确传入了 swap()函数中,a 和 b 是 swap()函数的两个形参。a 和 b 的值是由 i 和 j 复制得到的,是 i 和 j 的一个副本。

(2) 在 swap()函数调用返回时,a 和 b 两个形参的生命周期结束,但它们的值并没有被复制回实参 i 和 j 中。因此,一旦返回,i 和 j 的值将保持不变,swap()函数的交换功能也没有得到体现。

2. 解决方法

解决问题的方法是用指针作为函数参数,传给 swap()函数的应是想交换的两个变量的地址,而地址可用指针来实现。

【例 7-4】 使用指针参数将改变带回到调用函数。

```
# include < stdio. h >
void swap( int  * a, int  * b)
{
        int temp;
        temp = * a;
        * a = * b;
        * b = temp;
        printf("in the function swap:  * a = % d  * b = % d\n", * a, * b);
}
int main()
{
        int i = 133,j = 58;
        printf("before calling: i = % d j = % d\n",i,j);
        swap(&i,&j);
        printf("after calling: i = % d j = % d\n",i,j);
        return 0;
}
```

运行结果：

```
before calling: i = 133 j = 58
in the function swap:  * a = 58  * b = 133
after calling: i = 58 j = 133
```

程序说明：

（1）使用指针作为参数，函数改变参数的值后，能将改变带回到调用函数。swap()函数的参数是两个指向整型变量的指针变量。所以 main()函数在调用时必须使用 &i、&j 来传递参数。

（2）传入参数的实参 i 和 j 的地址，被复制给 swap()函数的形参 a 和 b，a 和 b 也是指针。在 swap()函数中，改变的不是 a 和 b 的值，而是 *a 和 *b 的值。*运算符是得到指针所指向内存空间的内容。*a 取的是存储在 a 中地址的值，现在 a 中存储的地址是 i 的地址，因此，*a 在本程序中等价于 i。同样道理，*b 等价于 j。函数将 i 和 j 的内容交换，返回后 &i 和 &j 的值(地址)仍不变，而 i 和 j 的值却改变了。

LOOK 名师点睛

（1）在调用函数时千万注意参数的类型，若是指针，务必要传地址，否则后果不可预料。

（2）不能通过改变指针形参的值而使指针实参的值改变。

3. 程序实例

【例 7-5】　输入 a、b 和 c 3 个数，按由大到小的顺序输出。

```c
#include <stdio.h>
void swap(int * p1,int * p2)              /* 实现两个数的比较和交换 */
{
    int temp;
    temp = * p1;
    * p1 = * p2;
    * p2 = temp;
}
void exchange(int * q1,int * q2,int * q3) /* 实现 3 个数交换和排序 */
{
    if( * q1 < * q2)                       /* 当满足条件时调用 swap()函数排序 */
        swap(q1,q2);
    if( * q1 < * q3)
        swap(q1,q3);
    if( * q2 < * q3)
        swap(q2,q3);
}
int main()
{
    int a,b,c, * p11, * p22, * p33;
    scanf("%d%d%d",&a,&b,&c);
    p11 = &a; p22 = &b; p33 = &c;          /* 指针变量赋值 */
    exchange(p11,p22,p33);                 /* 调用事先编好的 exchange()函数实现排序 */
    printf("%d, %d, %d",a,b,c);
    return 0;
}
```

运行结果：

```
78 17 33
78,33,17
```

程序说明：这里限定了 swap()函数、exchange()函数的返回类型是 void,因此,要得到输出值就务必传递一个数值的地址。总之,若希望通过函数调用改变一个或多个变量的值,可以采用传送相应变量地址的方法。

🔑 7.2　指针变量的应用

7.2.1　指向一维数组的指针变量

1. 一维数组指针的概念

在 C 语言中,指针和数组有着极为密切的联系。数组处理的是一些具有相同类型的元素,指针也能做同样的工作,两者相比而言,数组表示法容易理解,适合初学者,而指针表示法则有利于提高程序的执行效率。

一个变量有地址,一个数组包含若干元素,每个数组元素都在内存单元中占用存储单元,它们都有相应的首地址。数组名是数组的首地址(不能说是数组元素的首地址),针对同一个数组来说,它是一个常量。

所谓数组的指针,是指数组的起始地址,事实上也就是数组名。一个数组是由连续的一块内存单元组成的,数组名就是这块连续内存单元的首地址。一个数组也是由各个数据元素(下标变量)组成的,每个数组元素按其类型的不同占用不同个数的连续的内存单元,指针变量既然可以指向一般变量,当然也可以指向数据元素,数组元素的指针是数组元素的地址。一个数组元素的首地址也是指它所占用的几个内存单元的首地址。

在此只讨论一维数组的指针,若需要学习多维数组的指针,可参考 C 语言的其他相关书籍。

LOOK 名师点睛

（1）数组的指针——数组在内存中的起始地址,即数组名。

（2）数组元素的指针——数组元素在内存中的起始地址。

---

2. 一维数组的指针表示方法

前面已经介绍过,数组名代表该数组的起始地址。那么,数组中各个元素的地址又是如何计算和表示的呢？ 如果有一个数组 a,其定义为"int a[5]={1,3,5,7,9};",数组 a 的元素在内存中的分配如图 7-3 所示。可以看出,元素 a[0]的地址是 a 的值(即 1010),元素 a[1]的地址是 a+1。同理,a+i 是元素 a[i]的地址。值得特别注意的是,此处的 a+i 并非简单的在首地址 a 上加个数字 i,编译系统计算实际地址时,a+i 中的 i 要乘上数组元素所占的字节数,即实际地址＝a+i×单个元素所占的字节数。其中,单个元素所占的字节数由数据类型决定。

例如,元素 a[3]的实际首地址是 a+3×2(整型数据占 2 字节),最终结果为 1010+3×2=1016,从图 7-3 看出正好是这个值。

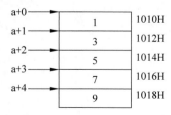

图 7-3　数组 a 的元素在内存中的分配

定义一个指向数组元素的指针变量的方法,与以前介绍的指针变量定义方法相同。例如,"int a[20];int ＊ p;p＝&a[0];",由于数组元素 a[0]的首地址与数组的首地址 a 相同,因此,赋值语句 p＝&a[0]等效于赋值语句 p＝a。另外,在定义指针变量时,可以赋初值,并且指针变量定义时的基类型,要与所指向的数组的类型一致。

3．一维数组元素的引用方法

为了引用一个数组元素,可以用两种不同的方法:一种是下标法,即指出数组名和下标值,系统会找到该元素。例如,a[3];另一种方法是指针法,也叫地址法,就是通过给出的数组元素地址访问某一元素。例如,通过地址 a＋3 可以找到数组元素 a[3],而 ＊(a＋3)的值就是元素 a[3]的值。

(1) 下标法。

用 a[i]的形式访问数组元素。前面介绍数组时都采用这种方法。

【例 7-6】　用下标法输出数组中的全部元素。

```c
# include < stdio.h >
int main()
{
    int i,a[5];
    for(i = 0; i < 5; i++)
        a[i] = i;
    for(i = 0; i < 5; i++)
        printf("a[ % d] = % d\n",i,a[i]);
    return 0;
}
```

运行结果:

```
a[0] = 0
a[1] = 1
a[2] = 2
a[3] = 3
a[4] = 4
```

(2) 指针法。

采用 ＊(a＋i)或 ＊(p＋i)的形式,用间接访问的方法来访问数组元素,其中 a 是数组名,p 是指向数组 a 的指针变量。

【例 7-7】　用指针法输出数组中的全部元素。

```c
# include < stdio.h >
int main()
{
    int i,a[5];
    for(i = 0; i < 5; i++)
        ＊ (a + i) = i;
    for(i = 0; i < 5; i++)
        printf("a[ % d] = % d\n",i, ＊ (a + i));
    return 0;
}
```

运行结果:

```
a[0] = 0
a[1] = 1
a[2] = 2
a[3] = 3
a[4] = 4
```

以上两个例子的输出结果完全相同,只是引用数组元素的方法不同。下标法比较直观、易用;用指针变量引用数组元素速度较快。

4. 通过指针引用数组元素

C语言规定:若 p 为指向某一数组的指针变量,则 p+1 指向同一数组中的下一个元素。例如,"int array[10], *pointer=array;",则:

(1) pointer+i 和 array+i 都是数组元素 array[i]的地址,如图 7-4 所示。

(2) *(pointer+i)和 *(array+i)就是数组元素 array[i]。

(3) 指向数组的指针变量被赋值为数组名后也可按下标法来使用。例如,array[i]等价于 *(pointer+i)。

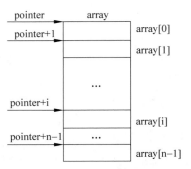

图 7-4　指针引用数组元素

名师点睛

(1) 数组名是指针变量,始终指向数组的首地址;而指针是一个变量,可以实现本身值的改变。如有数组 a 和指针变量 p,则以下语句"p=a; p++; p+=3;"是合法的。而"a++;"与"a=p"都是错误的。

(2) 在使用中应注意 *(p++)与 *(++p)的区别。若 p 的初值为 a,则 *(p++)的值等价于 a[0],*(++p)等价于 a[1],而(*p)++表示 p 所指向的元素值加 1。如果 p 当前指向 a 数组中的第 i 个元素,则有"*(p--);"等价于"a[i--];";"*(++p);"等价于"a[++i];";"*(--p);"等价于"a[--i];"。

【例 7-8】　分析程序的运行结果。

```c
#include<stdio.h>
int main()
{
    int i, *p,a[5] = {2,4,6,8,10};
    for(i = 0; i < 5; i++)
        printf(" % d ",a[i]);
    printf("\n");
    for(i = 0; i < 5; i++)
        printf(" % d ", *(a + i));
    printf("\n");
    for(p = a; p < a + 5; p++)          /* 指针变量赋值为数组首地址 */
        printf(" % d ", *p);
```

```
        return 0;
}
```

程序运行结果：

```
2 4 6 8 10
2 4 6 8 10
2 4 6 8 10
```

程序说明：从程序运行结果中可以看出，a[i]、*(a+i)和 * p 输出的结果都是相同的。

7.2.2　指向字符串的指针变量

1. 字符数组和字符指针

字符串实际上是内存中一段连续的字节单元中存储的字符的总和，最后用'\0'作为结束标志。前面已经讲过，字符串与字符串数组是密切相关的，而数组又与指针密切相关，因此，字符串与指针也密切相关。指向字符串的指针称为字符串的指针，其类型是 char * 或unsigned char * 。

实际上，只要知道字符串的首地址的指针，就可以通过指针的移动来存取字符串中的每个字符，直至移动到字符串结束标志'\0'，因此可以用字符串指针来表示字符串。例如，"char * s＝"hello";"，其中，s 是字符串指针，在指向语句时，系统为字符串"hello"分配 6 字节的空间，同时把字符串的首地址（即字符'h'的地址）赋值给 s 指针变量。上述语句也可以写成："char s[] ＝ "hello";"。

用字符数组来存储字符串时，数组的指针就是字符串指针。在语句"char s[] ＝"hello";"中，通过 s 指针可以访问任何一个字符单元。例如，i 是一个整数下标，则 s[i]与* (s+i)是同一个元素，&s[i]与 s+i 是同一个地址。C 语言程序可以允许使用两种方法实现一个字符串的引用。

（1）字符数组。

【例 7-9】　字符数组的应用。

```
# include < stdio. h>
int main()
{
    char s[] = "I Love China!";
    printf(" % s",s);
    return 0;
}
```

运行结果：

```
I Love China!
```

程序说明：

① 字符数组 s 长度没有明确定义，默认的长度是字符串中字符个数加 1 的和（结束标志占一个字符位），s 数组的长度应该是 14。

② s 是数组名,表示字符数组首地址;s+4 表示序号为 4 的元素的地址,指向字符 'k'。 s[4] 与 *(s+4) 表示数组中序号为 4 的元素的值(k)。

③ 字符数组允许用 %s 格式进行整体输出。

(2) 字符指针。

【例 7-10】　字符指针的应用。

```
# include< stdio. h>
int main()
{
    char  * s = "I Love China!";
    printf(" % s",s);
    return 0;
}
```

程序运行结果:

```
I Love China!
```

程序说明:C 程序将字符串常量"I Love China!"按字符数组处理,在内存中开辟一个字符数组来存放字符串常量,并把字符数组的首地址赋值给字符指针变量 s。

名师点睛

此处语句"char * s="I Love China!";"仅是一种 C 语言表示形式,其真正的含义相当于"char a[]="I Love CHINA!", * s; s=a;",其中,数组 a 是由 C 语言环境隐含给出的。

2. 利用字符指针处理字符串

【例 7-11】　用字符指针指向一个字符串。

```
# include< stdio. h>
int main()
{
    char string[] = "I Love China!";       / * 定义一个字符数组并赋值 * /
    char * p;                               / * 定义指向字符数据的指针变量 p * /
    p = string;                             / * 将字符串的首地址 string 赋给指针变量 p * /
    printf(" % s\n",string);
    printf(" % s\n",p);
    return 0;
}
```

运行结果:

```
I Love China!
I Love China!
```

程序说明:程序中定义了一个字符数组 string,并对它进行了赋初值。p 是指向字符数据的指针变量,将 string 数组的起始地址赋给 p,p 也指向了字符串。最后,程序以"%s"格式输出 string 和 p,从给定的地址开始逐个输出字符,直到遇到'\0'为止。结果都是输出字符串"I Love China!"。

使用字符数组和字符指针都能处理字符串,但二者之间是有区别的,主要表现在以下3 方面。

(1) 字符数组由若干元素组成,每个元素中放一个字符,若用来处理字符串,则必须保证有串结束符。而字符指针变量用来存放字符串的首地址(若未进行初始化,则它指向的地址是不确定的),不是用来存放整个字符串内容的。

(2) 赋值方式不完全相同,字符数组只能对各个元素赋值,不能整体赋值。

(3) 在说明一个字符数组后,其地址是确定的,而说明一个字符指针变量时,指针变量的值是可以改变的。

7.2.3　指针变量应用示例

【例 7-12】　编程实现删除有序数组中重复元素。

```c
# include< stdio.h >
int Del(int b[ ],int n)                              /* Del()函数用于实现删除重复元素 */
{
    int c, * p, * q, * p1;                           /* 定义指针变量 */
    for(p = b; p < b + n; p++)                       /* 访问数组 b 中每个元素 */
    {
        q = p + 1;
        c = 0;
        while( * q == * p&&q < b + n)                /* 统计相同元素个数 */
        {
            q++;
            c++;
        }
        if(q < = b + n)
        {
            for(p1 = p + 1; q < b + n; p1++,q++)     /* 删除 c 个元素 */
                * p1 = * q;
            n -= c;                                  /* 元素个数减少 c 个 */
        }
    }
    return n;
}
int main()
{
    int a[10] = {1,2,3,4,4,4,5,6,6,7};               /* 定义并初始化数组 a */
    int i,n, * p = a;                                /* 定义指针变量指向数组 a */
    for(i = 0; i < 10; i++)
        printf(" % d ",a[i]);
    printf("\n");
    n = Del(a,10);
    for(p = a; p < a + n; p++)                       /* 输出删除重复元素后的数组 a */
        printf(" % d ", * p);
    printf("\n");
    return 0;
}
```

运行结果：

```
1 2 3 4 4 4 5 6 6 7
1 2 3 4 5 6 7
```

程序说明：首先遍历整个数组,统计出重复元素的位置和个数,然后通过移动指针删除重复元素。

【例 7-13】 输入一行字符(不超过 100 个),统计其中大写字母、小写字母、数字、空格及其他字符的个数。

```c
#include<stdio.h>
#include"string.h"
int main()
{
    char str[100], * p;
    int upper,lower,number,space,other;
    upper = lower = number = space = other = 0;            /*各计数变量赋初值 0 */
    printf("请输入一个字符串(不要超过 100 个字符): \n");
    gets(str);                                             /*读入可带空格的一行字符串 */
    p = str;                                               /*指针 p 指向字符串首地址 */
    while( * p!= '\0')
    {
        if( * p> = 'A'&& * p< = 'Z')                       /*若字符为大写字母,则计数增 1 */
            upper++;
        else if( * p> = 'a'&& * p< = 'z')                  /*若字符为小写字母,则计数增 1 */
            lower++;
        else if( * p> = '0'&& * p< = '9')                  /*若字符为数字,则计数增 1 */
            number++;
        else if( * p== ' ')                                /*若字符为空格,则计数增 1 */
            space++;
        else                                               /*若字符为其他字符,则计数增 1 */
            other++;
        p++;                                               /*指针 p 后移,指向下一个字符 */
    }
    printf("该字符串中大写字母个数为: % d\n",upper);
    printf("该字符串中小写字母个数为: % d\n",lower);
    printf("该字符串中数字个数为: % d\n",number);
    printf("该字符串中空格个数为: % d\n",space);
    printf("该字符串中其他字符个数为: % d\n",other);
    return 0;
}
```

运行结果：

```
请输入一个字符串(不要超过 100 个字符):
Winter Dream - Emblem of the Olympic Winter Games Beijing 2022
该字符串中大写字母个数为: 7
该字符串中小写字母个数为: 40
该字符串中数字个数为: 4
该字符串中空格个数为: 10
该字符串中其他字符个数为: 1
```

程序说明：输入一个字符串后，可将一个字符型指针 p 指向该字符串首地址。当 p 所指字符不能与字符串结束标志 '\0' 相等时，使用复合 if 语句判断 p 所指字符是哪类字符，然后将对应的变量自加，然后将指针 p 后移。直到循环结束，输出这些字符个数即可。

7.3　常见错误分析

7.3.1　对指针变量赋予非指针值

由于指针变量是指针类型，因此，所赋的值应是一个地址值。不能对指针变量赋予非地址值。

【例 7-14】　对指针变量赋予非指针值。

```
#include<stdio.h>
int main()
{
    int i = 10, * p;
    p = i;                    /*对指针变量赋予非指针值*/
    printf("%d", * p);
    return 0;
}
```

编译报错信息如图 7-5 所示。

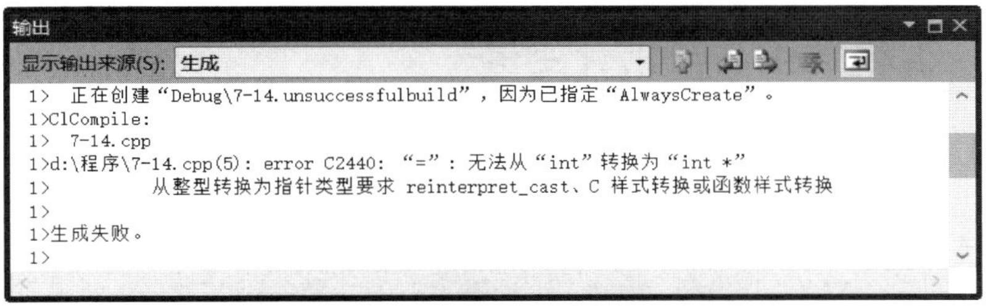

图 7-5　对指针变量赋予非指针值编译报错信息

错误分析：编译提示给指针变量赋值时用了整型数值。i 是整型变量，而 p 是指向整型变量的指针变量，它们的类型并不相同，p 所要求的是一个指针值，即一个变量的地址，因此应该写为 "p=&i;"。

7.3.2　指针未能指向确定的存储区

若定义了字符指针变量，应及时把一个字符变量（或字符数组元素）的地址赋给它，使它指向一个字符型数据。若未对它赋予一个地址值，它并未具体指向一个确定的对象。此时若向该指针变量所指向的对象输入数据，可能会出现严重的后果。

【例 7-15】　未给指针变量确定其指向。

```
#include<stdio.h>
int main()
{
    char * str;
```

```
scanf("%s",str);      /*企图从键盘输入一个字符串,使 str 指向该字符串*/
printf("%s",str);
return 0;
}
```

编译警告信息如图 7-6 所示。

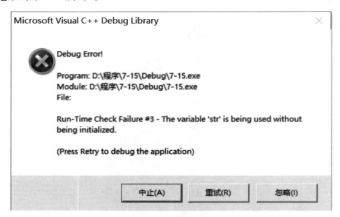

图 7-6　编译警告信息

错误分析：警告信息提示未给指针变量指定初值,虽然忽略此警告信息,此程序也能运行,但是结果是错误的。

7.3.3　混淆数组名与指针变量

指针变量可以实现本身值的改变,如 p++是合法的,初学者容易混淆数组名与指针变量的区别。

【例 7-16】 混淆数组名与指针变量。

```
#include<stdio.h>
int main()
{
    int i,a[5];
    for(i=0; i<5; i++)
        scanf("%d",a++);    /*混淆数组名与指针变量的区别*/
    return 0;
}
```

编译报错信息如图 7-7 所示。

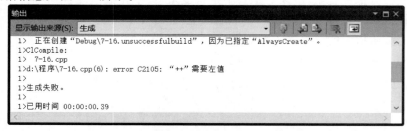

图 7-7　混淆数组名与指针变量编译报错信息

错误分析：程序企图通过改变 a 的值使指针下移，每次指向下一个数组元素。但 a 是数组名，它是数组的首地址，是常量，它的值是不能改变的。因此，使用 a＋＋是错误的，应当用指针变量来指向各数组元素。

7.3.4 不同数据类型的指针混用

指针之间赋值时需要注意其数据类型是否相同。

【例 7-17】 整型和浮点型指针混用。

```c
#include < stdio.h >
int main()
{
    int a = 5, * p;
    float b = 3.5, * q;
    p = &a;
    q = &b;
    q = p;  /* 不同数据类型的指针混用 */
    printf(" % d, % d\n", * p, * q);
    return 0;
}
```

编译报错信息如图 7-8 所示。

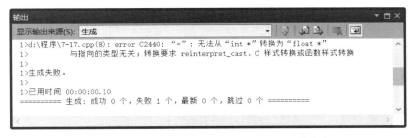

图 7-8 不同数据类型的指针混用编译报错信息

错误分析：程序企图使 q 指向整型变量 a，但 q 是指向 float 型变量的指针，不能指向整型变量。

技能实战

🔑 7.4 指针综合应用实战

7.4.1 实战背景

为促进学生全面发展，各大高校每年都会对在德、智、体、美、劳等方面全面发展或者在思想品德、学习成绩、科技创造、体育竞赛、文艺活动、志愿服务及社会实践等方面有突出表现的学生，给予表彰和奖励。这种表彰和奖励的评选过程被称为奖学金评定。高校在评定奖学金时，主要考查学生品德修养、学业总评和社会实践 3 个模块的成绩，其中最重要的是学生的思想品德修养。

视频讲解

7.4.2　实战目的

(1) 能够编写形参为指针的函数。
(2) 能够分析形参为指针、实参为一维数组的函数中指针与数据之间的指向关系。

7.4.3　实战内容

编写程序,对班级同学"思想品德"课程成绩进行查找,找到最高分的同学,输出其学号和分数。

7.4.4　实战过程

```c
#include<stdio.h>
#define N 35
void FindMax(int *p,long *q,int n,int *pMaxScore,long *pMaxNum);
int main()
{
    long num[N],maxNum;
    int score[N],maxScore;
    int n,i;
    printf("请输入学生人数:");
    scanf("%d",&n);
    printf("请输入学生学号和"思想品德"课程成绩:\n");
    for (i=0; i<n; i++)
        scanf("%d%d",&num[i],&score[i]);
    FindMax(score,num,n,&maxScore,&maxNum);
    printf(""思想品德"课程最高分是: %d\n",maxScore);
    printf(""思想品德"课程最高分的学号是: %d\n",maxNum);
    return 0;
}
void FindMax(int *p,long *q,int n,int *pMaxScore,long *pMaxNum)
{   int i;
    *pMaxScore = *p;
    *pMaxNum = *q;
    for (i=1; i<n; i++)
    {
        p++;
        q++;
        if(*p>*pMaxScore)
        {
            *pMaxScore = *p;
            *pMaxNum = *q;
        }
    }
}
```

技能实战运行结果如图 7-9 所示。

图 7-9　技能实战运行结果

7.4.5　实战意义

通过实战,希望学生能够掌握指针作为函数形参的使用方法。

结构体和共用体

CHAPTER **8**

案例导读

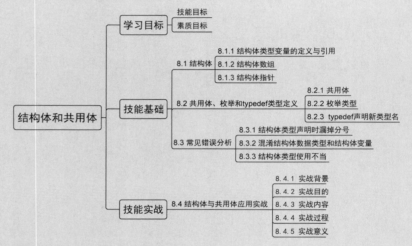

脉络导图

学习目标

技能目标：

（1）具备使用结构体处理信息的能力。

（2）具备使用共用体处理信息的能力。

素质目标：

（1）通过结构体的学习，让学生明白每一个集体都需要每个成员遵守相应的规则。

（2）通过结构体的学习，培养学生细致钻研的学风、求真务实的品德。

（3）通过共用体的学习，增强学生之间互帮互助、常怀感恩之心。

技能基础

8.1　结构体

8.1.1　结构体类型变量的定义与引用

1. 结构体概述

前面学习了一些简单数据类型（整型、实型、字符型）的定义和应用，还学习了数组（一维、二维）的定义和应用，这些数据类型的特点是：要定义某一特定数据类型，就限定该类型变量的存储特性和取值范围。对简单数据类型来说，既可以定义单个变量，也可以定义数组。而数组的全部元素都具有相同的数据类型，或者说是相同数据类型的一个集合。

在日常生活中，会遇到需要填写的登记表，例如，住宿表、成绩表、通信地址等的情况。在这些表中，填写的数据是不能用同一种数据类型来描述的，在住宿表中通常会登记姓名、性别、身份证号码等；在通信地址表中会填写姓名、邮箱地址、电话号码等。这些表中集合了各种数据，无法用前面学过的任何一种数据类型完全描述，因此 C 语言引入一种能集中表示不同数据类型于一体的数据类型——结构体类型。由一系列具有相同类型或不同类型的数据构成的数据集合称为结构体。结构体是这些元素的集合，这些元素称为结构体的成员。结构体类型的变量可以拥有不同数据类型成员，是不同数据类型成员的集合。

"结构体"是用同一个名字引用的相关变量的集合。结构体中可包含多种不同类型数据的变量，这些不同类型数据的变量称为结构体的"成员"，每个成员可以是一个基本数据类型或者是一个构造类型。

2. 结构体类型的定义

每个结构体有一个名字，称为结构体名。所有成员都组织在该名字之下。一个结构体由若干成员组成，它是组成结构体的要素，每个成员的数据类型可以不同，也可以相同。每个成员有自己的名字，称为结构体成员名。结构体类型的定义的一般格式如下：

```
struct 结构体名称
{
    数据类型 成员 1 的名字;
    数据类型 成员 2 的名字;
    数据类型 成员 3 的名字;
    …
};
```

结构体名是由用户指定的，又称"结构体标记"，符合标识符命名规范。大括号内是该结构体所包含的子项，即结构体成员。

名师点睛

（1）在大括号后的分号必不能少，因为这是一条完整的语句。

（2）类型和变量是不同的概念，只能对变量赋值，而不能对类型赋值，只有定义了结构体变量后，编译时才为结构体变量分配内存空间。

例如,定义如下结构体类型:

```
struct stu_infor
{
    int num;
    char name[20];
    char sex;
    float score;
};
```

其中,struct 是结构体定义的关键字,不能省略,结构体名为 stu_infor,该结构体类型由 4 个成员组成：第 1 个成员为 num,整型变量；第 2 个成员为 name,字符数组；第 3 个成员为 sex,字符变量；第 4 个成员为 score,实型变量。

3. 结构体变量的定义

结构体类型定义好后,只定义了一个变量的类型,系统并没有给变量分配存储空间,还需要给结构体定义变量,结构体变量的定义方法有以下 3 种。

(1) 间接定义。

此方法中,需要先定义结构体类型,再定义结构体变量。例如,要定义日期结构体变量,需要先定义好一个名为 date 的结构体类型,再定义两个名为 date1、date2 的结构体变量。

```
struct date
{
    int year;
    int month;
    int day;
};
struct date date1,date2;
```

(2) 直接定义。

此方法中,定义结构体类型的同时定义结构体类型变量。

```
struct date
{
    int year;
    int month;
    int day;
} date1,date2;
```

(3) 直接定义结构体变量。

```
struct
{
    int year;
    int month;
    int day;
} date1,date2;
```

该定义方法由于无法记录该结构体类型,因此除直接定义外,不能再定义该结构体类型变量。第 3 种方法与第 2 种方法的区别在于,第 3 种方法省去了结构名,而直接给出结构变量。

4．结构体类型变量的引用

定义了结构体变量后，可以引用该变量。要对结构体变量进行赋值、存取或运算，实质上是对结构体成员的操作。访问结构体变量的成员，需要使用"成员运算符"（也称为"圆点运算符"），其一般格式如下：

> 结构体类型变量名.成员名

例如，已定义了 date 为 struct 类型的结构体变量，则 date.year 表示 date 变量中 year成员，在程序中可以用"date.year＝2022；"对变量的成员赋值。

名师点睛

结构体变量不能作为整体进行输入和输出，但允许对具有相同结构体类型的变量进行整体赋值。例如，"printf("%d%s%c",date)；"是错误的，"S1＝S2；"正确，假设 S1 和 S2已定义为同类型的结构体变量。

5．结构体类型变量的初始化

在定义结构体变量的同时，可以对其进行赋值，即对其初始化。结构体类型变量的初始化一般格式如下：

> struct 结构体名 结构体变量名＝{初始数据}；

其中，数据与数据之间用逗号隔开；数据的个数要与被赋值的结构体成员的个数相等；数据类型要与相应结构体成员的数据类型一致。

由于结构体类型变量汇集了各类不同数据类型的成员，因此结构体类型变量的初始化就略显复杂。

（1）一次性给结构体变量的成员赋初值。

由于每一个结构体变量都有一组成员，这就如同数组有若干元素一样，因此这种赋值方式有点像数组的赋值，将成员值用"{"和"}"括起来。

【例 8-1】　结构体变量的初始化。

```c
#include<stdio.h>
struct date
{
    int year;
    int month;
    int day;
} date={2022,7,6};      /*对变量 date 的各个成员进行赋值*/
int main()
{
    printf("日期为: %d.%d.%d",date.year,date.month,date.day);
    return 0;
}
```

运行结果：

日期为：2022.7.6

程序说明：对结构体变量 date 做了初始化赋值。在 main()函数中，用 printf()函数语句输出 date 中各成员的值。

（2）分散性地给结构体变量的成员赋值。

可以用运算符操纵结构体成员对其赋值。

【例 8-2】 结构体变量成员的赋值、输入和输出。

```c
# include < stdio. h>
int main()
{
    struct date
    {
    int year;
    int month;
    int day;
    } date1,date2;
    date1. year = 2022;
    printf("input month and day\n");
    scanf("%d%d",&date1.month,&date1.day);
    date2 = date1;              /* 同类型的结构体变量可以整体赋值 */
    printf("日期为：%d.%d.%d",date2.year,date2.month,date2.day);
    return 0;
}
```

运行结果：

input month and day:
7 6
日期为：2022.7.6

程序说明：用赋值语句给 year 成员赋值，用 scanf()函数动态输入 month 和 day 成员值，然后把 date1 的所有成员的值整体赋给 date2，最后分别输出 date2 的各个成员值。

8.1.2　结构体数组

一个结构体变量中可存放一组数据。若一个班级有 30 个学生，则这 30 个学生的信息都可以用结构体变量来表示，它们具有相同的数据类型，因此，可以用数组来表示，这就是结构体数组。结构体数组中每个数组元素都是一个结构体类型的变量，它们都分别包括各个成员项。

1. 结构体数组的定义

结构体数组必须先定义，后引用。其定义形式与定义结构体变量的方法类似，只需说明其为数组即可。例如：

```c
struct stu
{
    int num;
```

```
        char name[30];
        char sex;
        int age;
        float score;
}s[30];
```

定义了一个结构体数组 s,共有 30 个元素: s[0]~s[29],每个元素都具有 struct stu 的结构形式。

2. 结构体数组的初始化

结构体数组也可在定义的同时进行赋值,即对其进行初始化。例如:

```
struct stu s[30] = {{202101,"Wangyan",'M',18,89},{202102,"Lishan",'M',18,95},{202101,
"Zhanghai",'F',18,78}};
```

表示对结构体数组 s[30]的前 3 个元素进行初始化,其他未被指定初始化的数值型数组元素成员被系统初始化为 0,字符型数组元素成员被系统初始化为'\0'。

3. 结构体数组应用

【例 8-3】　利用结构体数组计算 3 个同学的平均成绩。

```
#include<stdio.h>
struct stu
{
        int num;
        char name[20];
        char sex;
        int age;
        float score;
};
int main()
{
        int i;
        float sum = 0.0;
        struct stu s[30] = {{202201,"Wangyan",'M',18,89},
                    {202202,"Lishan",'M',18,95},{202203,"Zhanghai",'F',18,78}}; /*对结构
体数组初始化 */
        for(i = 0; i < 3; i++)
            sum = sum + s[i].score;
        printf("平均分为: %5.1f\n",sum/3.0);
        return 0;
}
```

运行结果:

```
平均分为: 87.3
```

程序说明: 本程序中定义了一个外部结构体数组 s,共 5 个元素,在 main()函数中用 for 语句将每位同学 score 成员的值进行累加,除以 3 输出即可。

【例 8-4】 建立同学通讯录。

```
#include <stdio.h>
#define NUM 3
struct mem
{
    char name[20];
    char phone[11];
};
int main()
{
    struct mem man[NUM];
    int i;
    for(i = 0; i < NUM; i++)
    {
        printf("input name: \n");
        gets(man[i].name);
        printf("input phone: \n");
        gets(man[i].phone);
    }
    printf("name\t\t\tphone\n\n");
    for(i = 0; i < NUM; i++)
        printf("%s\t\t\t%s\n",man[i].name,man[i].phone);
    return 0;
}
```

运行结果:

```
input name:
王丽
input phone:
189××××0001
input name:
李刚
input phone:
189××××0002
input name:
王峰
input phone:
189××××0003
Name        phone

王丽        189××××0001
李刚        189××××0002
王峰        189××××0003
```

程序说明:本程序中定义了一个结构体 mem,它有两个成员 name 和 phone,用来表示姓名和电话号码。在 main()函数中,定义 man 为具有 mem 类型的结构体数组。在 for 语句中,用 gets()函数分别输入各个元素中两个成员的值,然后又在 for 语句中用 printf 语句输出各元素中的两个成员值。

8.1.3　结构体指针

结构体指针是指向结构体变量的指针,该指针变量的值就是结构体变量的起始地址,其目标变量是一个结构体变量。

1. 指向结构体变量的指针

指向结构体变量的指针变量的基类型必须与结构体变量的类型相同。例如，struct stu * p;，定义指针变量 p，指向 struct stu 类型的变量。p 并没有指向一个确定的存储单元，其值是一个随机值。为使 p 指向一个确定的存储单元，需要对指针变量进行初始化。例如，"struct stu * p＝&s1;"定义指针 p，指向结构体变量 s1。

C 语言规定了两种用于访问结构体成员的运算符：一种是成员运算符，也称圆点运算符；另一种是指向运算符，也称箭头运算符。其一般格式如下：

指向结构体的指针变量名 ->成员名

例如，"p->202207;"使用指针 p 访问结构体成员。

【例 8-5】　通过指向结构体变量的指针变量输出结构体变量中成员的信息。

```c
# include < stdio.h >
# include < string.h >
struct stu
{
    int num;
    char name[20];
    char sex;
    int age;
    float score;
};
int main()
{
    struct stu s1;                    /* 定义 struct stu 类型的变量 */
    struct stu * p;                   /* 定义指向 struct stu 类型变量的指针 */
    p = &s1;                          /* 指针变量 p 指向结构体变量 s1 */
    s1.num = 202207;                  /* 给结构体变量 s1 中的 num 成员赋值 */
    strcpy(s1.name,"wangli");         /* 给结构体变量 s1 中的 name 成员赋值 */
    s1.sex = 'M';                     /* 给结构体变量 s1 中的 sex 成员赋值 */
    s1.age = 18;                      /* 给结构体变量 s1 中的 age 成员赋值 */
    s1.score = 85;                    /* 给结构体变量 s1 中的 score 成员赋值 */
    printf("学号：%d 姓名：%s 性别：%c 年龄：%d 成绩：%0.1f\n",p->num,p->name,
p->sex,p->age,p->score);             /* 使用指向运算符访问结构体成员 */
    printf("学号：%d 姓名：%s 性别：%c 年龄：%d 成绩：%0.1f\n",(*p).num,(*p).name,
(*p).sex,(*p).age,(*p).score);       /* 使用成员运算符访问结构体成员 */
    return 0;
}
```

运行结果：

```
学号：202207 姓名：wangli 性别：M 年龄：18 成绩：85.0
学号：202207 姓名：wangli 性别：M 年龄：18 成绩：85.0
```

程序说明：程序定义了一个 struct stu 类型的变量 s1，又定义了一个指针变量 p，它指向一个 struct stu 类型的数据。在函数的执行部分将结构体变量 s1 的起始地址赋给指针变量 p，也就是 p 指向 s1，然后对 s1 的各成员进行赋值。使用 printf 语句输出 s1 的各个数据成员的值。可以看到,两个输出的结果是相同的。

2. 指向结构体数组的指针

指向结构体对象的指针变量既可指向结构体变量,也可指向结构体数组中的元素。例如,定义一个结构体数组 s[3],语句"struct stu s[3],＊p; p＝s;"可使结构体指针 p 指向该结构体数组的首地址。

【例 8-6】　有 3 名学生信息放在结构体数组中,要求输出 3 名学生的信息。

```
#include<stdio.h>
struct stu
{
    int num;
    char name[20];
    char sex;
    int age;
    float score;
};
int main()
{
    struct stu s[3] = {{202201,"Wangyan",'M',18,89},
                {202202,"Lishan",'M',18,95},{202203,"Zhanghai",'F',18,78}};
                                        /*结构体数组进行初始化*/
    struct stu * p;                     /*定义指向 struct stu 类型变量的指针*/
    p = s;                              /*指针变量 p 指向结构体变量 s*/
    while(p < s + 3)
    {
        printf("学号: %d\t 姓名: %s\t 性别: %c\t 年龄: %d\t 成绩: %0.1f\n",p->num,
p->name,p->sex,p->age,p->score);        /*使用指向运算符访问结构体成员*/
        p++;
    }
    return 0;
}
```

运行结果:

```
学号: 202201 姓名: Wangyan    性别: M 年龄: 18 成绩: 89.0
学号: 202202 姓名: Lishan     性别: M 年龄: 18 成绩: 95.0
学号: 202203 姓名: Zhanghai   性别: F 年龄: 18 成绩: 78.0
```

程序说明:指针变量 p 是指向 struct stu 结构体类型数据。首先使 p 的初值为 s,也就是数组 s 第 1 个元素的起始地址。在第 1 次循环中输出 s[0]的各个成员值,然后指向 p++,使 p 自加 1,p 加 1 意味着 p 所增加的值为结构体数组 s 的一个元素所占的字节数,即执行 p++后 p 的值等于 s+1,也就是指向 s[1]。在第 2 次循环中输出 s[1]的各成员值,再执行 p++,p 的值等于 s+2,也就是指向 s[2],再执行 p++后,p 的值变为 s+3,跳出循环。

3. 结构体指针的应用

【例 8-7】　有一组学生的成绩信息包括学号(num)、姓名(name)和成绩(grade),成绩又包括平时成绩(regular)、期中成绩(midterm)、期末成绩(final)和总成绩(total),学生成绩表如表 8-1 所示。编程实现按照"总成绩＝0.3＊平时成绩＋0.1＊期中成绩＋0.6＊期末成绩"的公式计算总成绩,并输出所有学生的全部信息。

表 8-1　学生成绩表

num	name	grade			
		regular	midterm	final	total
202201	Wangyan	85	90	84	
202202	Lishan	86	80	78	
202203	Zhanghai	75	72	70	

```c
#include<stdio.h>
struct score                        /*定义结构体数据类型 struct score*/
{
    float regular;
    float midterm;
    float final;
    float total;
};
struct student                      /*定义结构体数据类型 struct student*/
{
    int num;
    char name[20];
    struct score grade;             /*用数据类型 struct score 定义变量 grade*/
};
int cal(struct student stu[])       /*定义 cal()函数计算总成绩*/
{
    struct student *q;              /*定义指向 struct student 类型变量的指针*/
    for(q=stu; q<stu+3; q++)        /*循环计算每个学生的总成绩*/
        q->grade.total=0.3*q->grade.regular+0.1*q->grade.midterm+0.6*q->
grade.final;
    return 0;
}
int main()
{
    struct student s[3]={{202201,"Wangyan",85,90,84},{202202,"Lishan",86,80,78},
{202203,"Zhanghai",75,72,70}};      /*结构体数组进行初始化*/
    struct student *p=s;            /*定义指向指针变量并指向 s 的首地址*/
    cal(p);
    while(p<s+3)                    /*循环3次*/
    {
        printf("学号: %d\t 姓名: %s\t 平时成绩: %0.1f\t 期中成绩: %0.1f\t 期末成绩:
%0.1f\t 总成绩: %0.1f\n",p->num,p->name,
        p->grade.regular,p->grade.midterm,p->grade.final,p->grade.total);
                                    /*输出学生的信息*/
        p++;                        /*使 p 指向结构体数组的下一个元素*/
    }
    return 0;
}
```

运行结果:

```
学号: 202201 姓名: Wangyan   平时成绩: 85.0 期中成绩: 90.0 期末成绩: 84.0 总成绩: 84.9
学号: 202202 姓名: Lishan    平时成绩: 86.0 期中成绩: 80.0 期末成绩: 78.0 总成绩: 80.6
学号: 202203 姓名: Zhanghai  平时成绩: 75.0 期中成绩: 72.0 期末成绩: 70.0 总成绩: 71.7
```

程序说明：由于学生成绩表包括学号、姓名和成绩，而成绩又包括平时成绩、期中成绩、期末成绩和总成绩，因此，可使用嵌套的结构体声明来实现。用 cal() 函数实现计算总成绩的功能，main() 函数中实现初始化数据，调用 cal() 函数并输出所有学生的信息。

8.2　共用体、枚举和 typedef 类型定义

8.2.1　共用体

1. 共用体类型的定义

共用体也称为联合体，是一种将不同类型的数据组织在一起共同占用同一段内存的构造数据类型。同样都是将不同类型的数据组织在一起，但它与结构体不同的是，共用体是从同一起始地址开始存放成员的值，即让所有成员共享同一段内存单元。

共用体与结构体的类型声明方法类似，只是使用关键数 union。其一般格式如下：

```
union 共用体名
{
    数据类型    成员 1 的名字;
    数据类型    成员 2 的名字;
    数据类型    成员 3 的名字;
    …
};
```

例如，定义如下共用体类型：

```
union sample
{
    int i;
    char c;
    float f;
};
```

其中，union 是关键字，表示后面的类型是一个共用体类型，不能省略。sample 是共用体类型的名称，该共用体由 3 个成员组成：第 1 个成员为 i，整型变量；第 2 个成员为 c，字符型变量；第 3 个成员为 f，实型变量。

2. 共用体变量的定义

共用体变量的定义与结构体变量的定义方式类似，也有 3 种方法。

（1）先定义共用体类型后定义共用体变量。

```
union data
{
    char a;
    int b;
    float c;
};
union data x;
```

（2）在定义共用体类型的同时定义结构变量。这种定义方法是在定义出共用体类型的

同时直接定义所需变量,好处是可以简化语句。

```
union data
{
    char a;
    int b;
    float c;
}x;
```

（3）直接定义共用体变量。可以省略结构体类型名来定义一个结构体类型。

```
union
{
    char a;
    int b;
    float c;
}x;
```

3. 共用体成员的引用及初始化

对共用体变量的使用是通过对其成员的引用实现的。引用共用体变量成员的一般格式如下:

共用体变量名.成员名

例如,"x. b＝10;"给共用体变量 x 的成员 b 赋值为 10。

在使用共用体类型数据时应注意以下 4 点。

（1）共用体变量与结构体变量不同的是,不能在定义的同时初始化,但可对第一个成员赋初值。例如,"union data x＝{'A'};"只为第一个成员赋初值,是合法的。"union data x＝{'A',10,23.5};"为全部成员赋值,是错误的,因为各成员共用同一空间。

（2）对于一个共用体变量来说,每次只能给一个成员赋值,不能同时给多个成员赋值。共用体变量的所有成员的首地址都相同,并且等于共用体变量的地址。

（3）对共用体任何一个成员赋值都会导致共享区域数据发生变化,所以共用体只能保证有一个成员的值是有效的。

（4）在共用体中,同一个内存段可用来存放几种不同类型的成员,但每次只能存放其中一种,而不是同时存放所有的类型。也就是说,共用体变量中起作用的成员是最后一次存放的成员,在存入一个新的成员后原有的成员就会失去作用。

【例 8-8】　设计一个教师与学生通用的结构体类型,教师信息有姓名、年龄、职业、教研室 4 项;学生信息有姓名、年龄、职业、班级 4 项。输入一个教师或学生信息,然后显示出来。

```
# include < stdio.h >
# include"string.h"
union depart                            /* 共用体类型部门 */
{
    char Class[20];                     /* 学生的班级 */
    char office[20];                    /* 教师的教研室 */
```

```
};
struct person                                  /* 结构体类型人员 */
{
    char name[10];                             /* 姓名 */
    int age;                                   /* 年龄 */
    char job[5];                               /* 职业 */
    union depart depa;                         /* 部门,可选班级或教研室 */
};
int main()
{
    int i;
    struct person per[2];
    for(i = 0; i < 2; i++)
    {
        printf("请输入第%d个人的信息: \n",i + 1);
        printf("请输入姓名、年龄、职业("学生"或"教师")和部门(班级号或教研室名): \n");
        scanf("%s%d%s",&per[i].name,&per[i].age,&per[i].job);
        if(strcmp(per[i].job,"学生") == 0)          /* 当输入的职业是"学生"时 */
            scanf("%s",&per[i].depa.Class);
        else
            scanf("%s",&per[i].depa.office);
    }
    printf("\n这两个人的相关信息为: \n");
    printf("姓名\t年龄\t职业\t部门\n");
    for(i = 0; i < 2; i++)
    {
        if(strcmp(per[i].job,"学生") == 0)          /* 当该数组元素的职业是"学生"时 */
            printf("%s\t%3d\t%s\t班级: %s\n",per[i].name,per[i].age,per[i].job,
per[i].depa.Class);
        else
            printf("%s\t%3d\t%s\t教研室: %s\n",per[i].name,per[i].age,per[i].job,
per[i].depa.office);
    }
    return 0;
}
```

运行结果:

```
请输入第1个人的信息:
请输入姓名、年龄、职业("学生"或"教师")和部门(班级号或教研室名):
肖姗姗 18 学生 220102
请输入第2个人的信息:
请输入姓名、年龄、职业("学生"或"教师")和部门(班级号或教研室名):
李强 35 教师 大数据技术

这两个人的相关信息为:
姓名        年龄       职业       部门
肖姗姗       18        学生        220102
李强        35        教师        大数据技术
```

程序说明：因为教师和学生信息有共同的 3 个信息,只有最后一项不同,所以设计一个
共用体 depart,包含 Class 和 office 两个成员,分别表示学生的班级和教师所属的教研室。
再设一个结构体类型 person,包含 name(姓名)、age(年龄)、job(职业)和 depa(部门,教师为
教研室,学生为班级)。在 main()函数中通过职业的值为"教师"或"学生"来决定最后一项

的值为学生的"班级"还是教师的"教研室"。最后通过循环输出相关信息。

8.2.2 枚举类型

若一个变量只有几种可能的取值,则可以将其定义为枚举类型。所谓"枚举"是指将变量可能的值一一列举出来。枚举变量的取值只限于枚举常量范围之内。

1. 枚举类型的定义

枚举类型定义的一般格式如下:

```
enum 枚举类型名 {枚举元素列表};
```

其中,enum 为关键字,表示定义一个枚举类型。枚举类型名必须为 C 语言合法的标识符。花括号内的标识符称为枚举元素或枚举常量,各枚举常量之间用逗号隔开,注意右大括号后的分号不能省略。

例如,"enum week{SUN,MON,TUE,WED,THU,FRI,SAT};"定义一个枚举类型week,SUN、MON、TUE、WED、THU、FRI、SAT 称为枚举元素或枚举常量。

2. 枚举类型变量的定义

(1) 先定义枚举类型后定义枚举变量。与结构体或共用体类型变量定义的基本方法相似,这种方法先定义枚举类型,然后使用"enum 枚举类型名"来定义这种类型的变量。例如:

```
enum week {SUN,MON,TUE,WED,THU,FRI,SAT};      /* 定义 week 类型 */
enum week day;                                 /* 定义 week 类型的枚举变量 day */
```

(2) 在定义枚举类型的同时定义枚举变量。这种方法是在定义枚举类型的后面直接定义出该类型的变量,可以简化程序。

```
enum week {SUN,MON,TUE,WED,THU,FRI,SAT} day;  /* 定义 week 类型同时定义变量 day */
```

(3) 直接定义枚举类型的变量。这种定义方法可以省略枚举类型名,直接定义出枚举变量。但不能在其他位置再定义这种枚举类型的变量。

```
enum {SUN,MON,TUE,WED,THU,FRI,SAT} day;  /* 定义枚举类型时直接定义变量 day */
```

3. 枚举变量的应用

枚举变量只能取相应枚举类型列表中的各值。例如:

```
enum week {SUN,MON,TUE,WED,THU,FRI,SAT} day;
day = WED;
```

LOOK 名师点睛

(1) C 编译器对枚举元素按常量处理,在定义时使它们的值从 0 开始依次递增。例如,

"enum week{SUN=0,MON,TUE,WED,THU,FRI,SAT}day;",SUN 的值被定义为 0,那么 MON 的值便递推为 1,以此类推。

（2）枚举常量可以进行比较运算,由它们对应的整数参加比较。

（3）枚举常量不是字符常量也不是字符串常量,使用时不能加单、双引号。

【例 8-9】　使用枚举类型,从键盘中输入 1~7 的整数,并把它转换为星期一到星期日显示。

```c
# include< stdio. h>
int main()
{
    int i;
    enum week {SUN = 7,MON = 1,TUE,WED,THU,FRI,SAT};    /* 声明枚举类型 */
    enum week day;
    printf("请输入一个整数:");
    scanf(" % d",&i);
    day = (enum week)i;                                  /* 将整数 i 转换为枚举类型赋给 day */
    switch(day)
    {
        case MON: printf("输入的是数字 % d,对应的是星期一。",i); break;
        case TUE: printf("输入的是数字 % d,对应的是星期二。",i); break;
        case WED: printf("输入的是数字 % d,对应的是星期三。",i); break;
        case THU: printf("输入的是数字 % d,对应的是星期四。",i); break;
        case FRI: printf("输入的是数字 % d,对应的是星期五。",i); break;
        case SAT: printf("输入的是数字 % d,对应的是星期六。",i); break;
        case SUN: printf("输入的是数字 % d,对应的是星期日。",i); break;
        default: printf("输入数字错误,请重新输入!");
    }
    return 0;
}
```

运行结果:

```
请输入一个整数: 7
输入的是数字 7,对应的是星期日。
```

程序说明:因为只有数字 1~7 是有效的,所以定义一个枚举类型为 week 的变量 day,从键盘输入一个整数,将其转换为 enum week 类型后赋值给变量 day,再使用 switch 语句对 day 进行判断,并输出对应的星期值。若不是这 7 个正确的值,则输出错误提示信息。

8.2.3　typedef 声明新类型名

关键字 typedef 用于为系统固有的或自定义数据类型定义一个别名。数据类型的别名通常使用首字母大写的方式表示,以便与系统提供的标准类型标识符相区别。声明一个新类型名的一般格式为:

```
typedef 原类型名 新类型名;
```

其中,typedef 为关键字,表示重定义;原类型名是 C 语言提供的任一种数据类型,可以是简单数据类型,也可以是构造数据类型;新类型名是代表原类型名的一个别名。

C 程序中不仅包括简单的类型,还包括许多看起来比较复杂的类型。有些类型形式复杂,难以理解,容易写错,因此,C 语言允许程序设计者用一个简单的名字代替复杂的类型形式。

（1）命名一个新的类型名代表结构体类型。

```
typedef struct student
{
    int num;
    char name[20];
    char sex;
    int age;
    float score;
}Stu;
```

或者

```
typedef struct student Stu;
```

以上两种方式是等价的,都是为 struct student 结构体数据类型定义一个新的名字 Stu,利用 Stu 定义结构体变量与利用 struct student 定义结构体变量是一样的。

（2）命名一个新的类型名代表数组类型。

```
typedef int Num[100];          /* 声明 Num 为整型数组类型名 */
Num a;                         /* 定义 a 为整型数组名,它有 100 个元素 */
```

（3）命名一个新的类型名代表指针类型。

```
typedef char * String;         /* 声明 String 为字符型指针类型 */
String p;                      /* 定义 p 为字符指针变量 */
```

（4）命名一个新的类型名代表指向函数的指针类型。

```
typedef int ( * Pointer)();    /* 声明 Pointer 为指向函数的指针类型,该函数返回值为整型 */
Pointer p;                     /* p 为 Pointer 类型的指针变量 */
```

LOOK 名师点睛

归纳起来,声明一个新的类型名的方法有 4 种。

（1）先按定义变量的方法写出定义体。例如,"int a[10];"。

（2）将变量名换成新类型名。例如,"int Num[10];"。

（3）在前面加上 typedef。例如,"typedef int Num[10];"。

（4）可以用新类型名取定义变量。例如,"Num a;"。

8.3　常见错误分析

8.3.1　结构体类型声明时漏掉分号

结构体类型声明是一条完整的语句,因此,大括号后面的分号不能少,初学者很容易忘记这一点。

【例 8-10】　漏掉大括号后面的分号。

```
#include < stdio.h>
struct node
{
    int num;
    int score1;
    int score2;
}
struct node n;
int main()
{
    n.num = 1;
    printf("%d",n.num);
    return 0;
}
```

编译报错信息如图 8-1 所示。

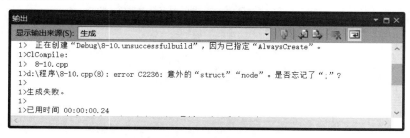

图 8-1　编译报错信息

错误分析：只要在 struct node 结构体数据类型声明的最后加上分号,即可解决错误。

8.3.2　混淆结构体数据类型和结构体变量

要注意区别结构体数据类型和结构体变量,不能对结构体类型进行赋值。

```
struct student
{
    int sID = 100;              /* 学号 */
    char sSex = 'F';            /* 性别 */
    int sMath = 90;             /* 高数成绩 */
    int sEng = 80;              /* 英语成绩 */
    int sC = 89;                /* C 语言成绩 */
};
```

struct student 是用户自定义的结构体数据类型,其用法相当于基本数据类型 int。struct student 仅是数据类型的名字,不是变量,不占存储单元。在 C 语言程序中,只能对结构体变量中的成员赋值,而不能对结构体数据类型中的成员赋值。上述代码可修改为：

```
struct student
{
    int sID;                    /* 学号 */
```

```
        char sSex;              /* 性别 */
        int sMath;              /* 高数成绩 */
        int sEng;               /* 英语成绩 */
        int sC;                 /* C 语言成绩 */
};
struct student sx;              /* 定义 struct student 型变量 sx */
sx.sID = 100;                   /* 为 sx 变量的成员赋值 */
sx.sSex = 'F';
sx.sMath = 90;
sx.sEng = 80;
sx.sC = 89;
```

8.3.3　结构体类型使用不当

定义结构体类型变量时需要使用 struct 关键字,许多初学者容易遗漏这个关键字。

```
#include <stdio.h>
struct student
{
    char * name;
    int score;
};
int main()
{
    student s1;          /* 漏掉 struct 关键字 */
    return 0;
}
```

编译报错信息如图 8-2 所示。

图 8-2　编译报错信息

错误分析:结构体变量语句未正确定义,应修改为"struct student s1;"。

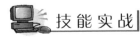 技 能 实 战

⚲ 8.4　结构体与共用体应用实战

视频讲解

8.4.1　实战背景

"一带一路"(The Belt and Road,B&R)是"丝绸之路经济带"和"21 世纪海上丝绸之路"的简称,一带一路高举和平发展的旗帜,积极发展与沿线国家的经济合作伙伴关系,共同打

造政治互信、经济融合、文化包容的利益共同体、命运共同体和责任共同体。截至 2022 年 5 月 27 日,中国已与 150 个国家、32 个国际组织签署 200 多份共建"一带一路"合作文件。

8.4.2　实战目的

(1)掌握结构体数组的定义和使用。

(2)掌握结构体指针的定义和使用。

8.4.3　实战内容

编程实现输入"一带一路"中线城市编号、城市名称、城市面积和城市简介,并在屏幕上显示该信息。

8.4.4　实战过程

```c
# include < stdio. h >
# include < malloc. h >
struct introduction
{
    int num;
    float area;
    char name[10],city[200];
    struct introduction * next;
};
struct introduction * creat( int n)
{
    struct introduction * head, * pf, * pb;
    int i;
    for(i = 0; i < n; i++)
    {
        pb = (struct introduction * )malloc(sizeof(struct introduction));
        printf("请输入中线城市编号、城市名称、城市面积(平方千米)、城市简介\n");
        scanf(" % d % s % f % s",&pb -> num,&pb -> name,&pb -> area,&pb -> city);
        if(i == 0)
                pf = head = pb;
        else
                pf -> next = pb;
        pb -> next = NULL;
        pf = pb;
    }
    return(head);
}
void print(struct introduction * head)
{
    printf("城市编号\t 城市名称\t 城市面积\t 城市简介\n");
    while(head!= NULL)
    {
        printf(" % d\t\t % s\t\t % 4.2f\t % s\n",head -> num,head -> name,head -> area,head -> city);
        head = head -> next;
    }
}
```

```
int main()
 {
    struct introduction * head;
    int n;
    printf("请输入中线城市个数:");
    scanf(" % d",&n);
    head = creat(n);
    print(head);
    return 0;
}
```

技能实战运行结果如图 8-3 所示。

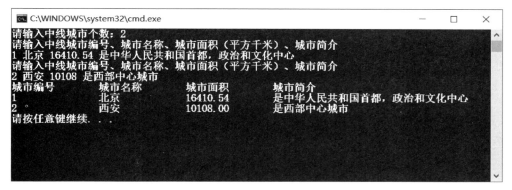

图 8-3　技能实战运行结果

8.4.5　实战意义

通过实战,掌握结构体数组、结构体指针的定义和使用。当代大学生是我国新一代的技术性人才,就像一股新鲜的血液注入各个领域。应该利用周末和节假日,根据自己的专业实际,参加青年志愿者活动,锻炼才干,更新观念,吸收新的思想与知识。必须脚踏实地,刻苦学习专业知识。一步一个脚印,扎扎实实做事。努力学习,提高自身素质。提高创新能力,增强创新意识。发扬艰苦奋斗精神,树立正确的人生观、价值观、世界观,才能把美丽的梦想变成光辉的现实。

## 第 9 章

文 件

 脉络导图

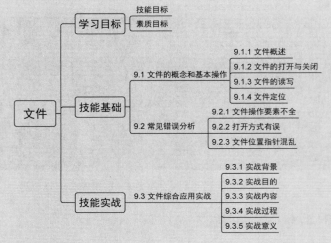

案例导读

 学习目标

技能目标:

学会文件的读取及将程序运行结果保存在文件中的能力。

素质目标:

(1) 通过文件的读写、文件管理的学习,学会保存资料、资料共享等日常工作。

(2) 大数据时代,增强学生信息保护的意识,防止个人隐私数据泄露。

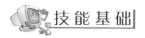技 能 基 础

9.1 文件的概念和基本操作

9.1.1 文件概述

"文件"是指一组相关数据的有序集合。这个数据集有一个名称,称为文件名。实际上在前面的各章中已经多次使用了文件。例如,源程序文件、目标文件、可执行文件和库文件等。文件通常是驻留在外部介质(如磁盘)上的,在需要使用时才调入内存中来。

1. 文件的分类

文件有很多种,如文本文件、图形图像文件、声音文件、视频文件等,它们可以有很多分类方法。

(1)从用户角度分类。

① 普通文件:驻留在磁盘或其他外部介质上的一个有序数据集。它可以是源文件、目标文件、可执行程序,也可以是一组待输出处理的原始数据,或者是一组输出的结果。

② 设备文件:与主机相连的各种外部设备,如显示器、打印机、键盘等。在操作系统中,把外部设备也看作一个文件来进行管理,把它们的输入、输出等同于对磁盘文件的读和写。

(2)从文件编码方式分类。

① ASCII 文件:也称为文本文件,这种文件在磁盘中存放时每个字符对应 1 字节,用于存放对应的 ASCII 码。

② 二进制文件:按二进制的编码方式来存放文件。

(3)从文件的处理方式分类。

① 缓冲文件系统:也称为标准文件系统或高层文件系统,是目前常用的文件系统,也是 ANSI C 建议使用的文件系统。它与具体的机器无关,通用性好,功能强,使用方便。

② 非缓冲文件系统:也称为底层文件系统,与机器有关,使用较为困难,但它节省内存,执行效率较高。

2. 文件指针

文件指针是指用一个指针变量指向一个文件。通过文件指针可对它所指的文件进行各种操作。定义说明文件指针的一般格式如下:

```
FILE *指针变量标识符;
```

其中,FILE 应为大写,它实际上是由系统定义的一个结构,该结构中包含文件名、文件状态和文件当前位置等信息。例如,"FILE *fp;"表示 fp 是指向 FILE 结构的指针变量,通过 fp 即可找到存放某个文件信息的结构变量,然后按结构变量提供的信息找到该文件,实施对文件的操作。习惯上也笼统地把 fp 称为指向一个文件的指针。

9.1.2 文件的打开与关闭

1. 文件打开函数 fopen()

文件在进行读写操作之前要先打开,使用完毕后要关闭。所谓打开文件,实际上是建立

文件的各种有关信息，并使文件指针指向该文件，以便进行其他操作。关闭文件则是断开指针与文件之间的联系，也就禁止再对该文件进行操作。

fopen()函数用来打开一个文件，一般格式如下：

> 文件指针名 = fopen(文件名,使用文件方式);

其中，"文件指针名"必须是被说明为 FILE 类型的指针变量；"文件名"是被打开文件的文件名，其类型为字符串常量或字符串数组；"使用文件方式"是指文件的类型和操作要求。

例如，"FILE * fp; fp=fopen("example.txt","r");"表示打开名为 example.txt 的文件，文件使用的方式为"只读"。fopen()函数返回指向 example.txt 文件的指针并赋给 fp,这样 fp 与 example.txt 相联系了，或者说 fp 指向了 example.txt 文件。

文件的使用方式规定了打开文件的目的，fopen()函数中的文件使用方式如表 9-1 所示。

表 9-1　fopen()函数中的文件使用方式

文件使用方式	含　义	说　明
"rt"(只读)	打开文本文件，只读	如果指定文件不存在，则出错
"wt"(只写)	打开文本文件，只写	新建一个文件，如果指定文件已存在，则删除它，再新建
"at"(追加)	打开文本文件，追加	如果指定文件不存在，则创建该文件
"rb"(只读)	打开二进制文件，只读	如果指定文件不存在，则出错
"wb"(只写)	打开二进制文件，只写	新建一个文件，如果指定文件已存在，则删除它，再新建
"ab"(追加)	打开二进制文件，追加	如果指定文件不存在，则创建该文件
"rt+"(读写)	打开文本文件，读、写	如果指定文件不存在，则出错
"wt+"(读写)	打开文本文件，读、写	新建一个文件，如果指定文件已存在，则删除它，再新建
"at+"(读追加)	打开文本文件，读、追加	如果指定文件不存在，则创建该文件
"rb+"(读写)	打开二进制文件，读、写	如果指定文件不存在，则出错
"wb+"(读写)	打开二进制文件，读、写	新建一个文件，如果指定文件已存在，则删除它，再新建
"ab+"(都追加)	打开二进制文件，读、追加	如果指定文件不存在，则创建该文件

如果文件名中包括文件的路径，则用双反斜线表示路径(双反斜线"\\"中的第一个表示转义字符，第二个表示根目录)。例如，"FILE * fp; fp=fopen("c:\\user\\cwg.txt", "w");"意思是以只读方式打开 C 盘驱动器磁盘下文件夹 user 中的文件 cwg.txt,并使文件指针 fp 指向该文件。

LOOK 名师点睛

（1）文件使用方式由 r、w、a、t、b 和＋这 6 个字符拼成。各个字符的含义是：r(read)为读；w(write)为写；a(append)为追加；t(text)为文本文件，可省略不写；b(binary)为二进制文件；＋为读和写。

（2）用以上方式可以打开文本文件或二进制文件，这是 ANSI C 的规定，即用同一种文件缓冲系统来处理文本文件和二进制文件。

（3）在读取文本文件时，会自动将回车、换行两个字符转换为一个换行符；在写入时会自动将一个换行符转换为回车和换行两个字符。在用二进制文件时，不会进行这种转换，因为在内存中的数据形式与写入外部文件中的数据形式完全一致，一一对应。

（4）在打开一个文件时，如果出错，fopen()函数将返回一个空指针值 NULL。

2．文件关闭函数 fclose()

文件使用完毕后应将它关闭,以保证本次文件操作有效。"关闭"就是使文件指针变量不指向该文件,也就是文件指针变量与文件"脱钩"。此后不能再通过该指针对原来关联的文件进行操作。

用 fclose()函数关闭文件,一般格式如下:

```
fclose(文件指针名);
```

例如,"fclose(fp);",正常完成关闭文件操作时,fclose()函数返回值为 0,若返回值非 0,则表示有错误发生。可用 ferror()函数来测试。

9.1.3　文件的读写

文件打开之后,可以对文件进行读和写。

1．写字符函数 fputc()

fputc()函数的功能是把一个字符写入指定的文件中,即字符表达式的字符输出到文件指针所指向的文件。其一般格式如下:

```
fputc(字符表达式,文件指针);
```

其中,字符表达式即待写入的字符量,可以是字符常量或变量。

例如,"fputc('a',fp);"表示把字符 a 写入 fp 所指向的文件中。

名师点睛

（1）被写入的文件可以用写、读写、追加方式打开,用写或读方式打开一个已存在的文件时将清除原有的文件内容,写入字符从文件首地址开始。

（2）每写入一个字符,文件内部位置指针向后移动 1 字节。

（3）fputc()函数有一个返回值,若写入成功则返回写入字符,否则返回一个 EOF。可用此来判断写入是否成功。

【例 9-1】　编写程序实现从键盘输入一行字符,将其输出到 D 盘根目录 file.txt 文件中。

```
# include < stdio.h>
# include < stdlib.h>
int main()
{
    FILE  * fp;
    char ch[100], * p = ch;                     /* 字符个数不超过 100 个 */
    if((fp = fopen("d:\\file.txt","w")) == NULL)  /* 若打开文件失败 */
    {
        printf("\nerror: fail in opening myfile!");
        exit(0);                                 /* 退出程序 */
    }
    printf("请输入一个字符串:");
```

```
        gets(p);                          /*输入字符串*/
        while( * p!= '\0')                /*逐个字符输出到文件*/
        {
            fputc( * p,fp);
            p++;                          /*指针指向下一个字符*/
        }
        fclose(fp);                       /*关闭文件*/
        return 0;
}
```

运行结果如图 9-1 所示。

图 9-1　程序运行结果 1

文件内容如图 9-2 所示。

图 9-2　"file. txt"文件内容

程序说明:首先使用 fopen()函数以只读方式打开"d:\\file. txt"文件,然后从键盘输入字符串到一个字符数组中,最后将字符数组中的字符逐个写入文件中。

2. 读字符函数 fgetc()

fgetc()函数的功能是从指定的文件中读一个字符,该字符的 ASCII 码值作为函数的返回值。若读取字符时文件已经结束或出错,则 fgetc()函数返回文件结束标记 EOF,此时 EOF 的值为-1。其一般格式如下:

```
字符变量 = fgetc(文件指针);
```

例如,"ch=fgetc(fp);"表示从打开的文件 fp 中读取一个字符并送入 ch 中。

名师点睛

　(1) 在 fgetc()函数调用中,读取的文件必须是以读或读写方式打开的。

（2）读取字符的结果也可以不向字符变量赋值。例如，"fgetc(fp);"，该操作读出的字符是不能保存的。

（3）在文件内部有一个位置指针，用来指向文件的当前读写字节。在文件打开时，该指针总是指向文件的第 1 字节。使用 fgetc()函数后，该指针将向后移动 1 字节，因此可连续多次使用 fgetc()函数读取多个字符。

【例 9-2】　使用 fopen()函数以只读方式打开"d:\\9-2.txt"文件，用 fgetc()函数从文件中逐个读取字符并输出到屏幕上。

```
#include<stdio.h>
#include<stdlib.h>
int main()
{
    FILE * fp;
    char ch;
    if((fp = fopen("d:\\9 - 2.txt","r")) == NULL)
    {
        printf("\nerror: fail in opening myfile!");
        exit(0);                      /*退出程序*/
    }
    ch = fgetc(fp);                   /*读取第 1 个字符*/
    while(ch!= EOF)                   /*判断是否到文件结束位置*/
    {
        putchar(ch);                  /*输出字符到终端*/
        ch = fgetc(fp);
    }
    fclose(fp);                       /*关闭文件*/
    printf("\n");
    return 0;
}
```

运行结果如图 9-3 所示。

图 9-3　程序运行结果 2

文件内容如图 9-4 所示。

程序说明：打开文件后，fgetc()函数读取的是第一个字符，调用 fgetc()函数依次读取下一个字符，若读至文件结束位置，则返回 EOF。

3. 写字符串函数 fputs()

fputs()函数的功能是向指定的文件写入一个字符串。其一般格式如下：

图 9-4　"d:\\9-2. txt"文件内容

```
fputs(字符串,文件指针);
```

其中,字符串可以是字符串常量,也可以是字符数组名或指针型指针变量。字符串末尾的'\0' 不输出,若输出成功,则函数值返回 0;若失败,则为 EOF。

例如,"fputs("abcd",fp);"表示把字符串"abcd"写入 fp 所指的文件中。

4. 读字符串函数 fgets()

fgets()函数的功能是从指定的文件中读一个字符串到字符数组中。其一般格式如下:

```
fgets(字符数组名,n,文件指针);
```

其中,n 是一个正整数,表示从文件中读出的字符串不超过 n−1 个字符。在读入的最后一个字符后加上串结束标志'\0'。

例如,"fgets(str,n,fp);"表示从 fp 所指的文件中读出 n−1 个字符送入字符数组 str 中。

名师点睛

(1) 在读出 n−1 个字符之前,若遇到了换行符或 EOF,则读出结束。

(2) fgets()函数也有返回值,其返回值是字符数组的首地址。

5. 数据块读写函数 fread()和 fwrite()

fread()函数和 fwrite()函数是用于整块数据的读写。它们可用来读写一组数据,如一个数组元素、一个结构变量的值等。其一般格式如下:

```
fread(buffer,size,count,fp);
fwrite(buffer,size,count,fp);
```

其中,buffer 是一个指针,在 fread()函数中,它表示存放输入数据的首地址,在 fwrite()函数中,它表示存放输出数据的首地址;size 表示数据块的字节数;count 表示要读写的数据块块数;fp 表示文件指针。

例如,"fread(fa,4,5,fp);"表示从 fp 所指的文件中,每次读 4 字节送入实数组 fa 中,连续读 5 次,即读 5 个实数到 fa 中。

【例 9-3】 输入 3 个日期(年、月、日),写入"d:\\9-3. txt"中,再从文件中读出并显示。

```
# include < stdio. h >
# include < stdlib. h >
struct date                                    / * 定义结构体类型 date * /
{
    int day;                                   / * 定义成员 day * /
    int month;                                 / * 定义成员 month * /
    int year;                                  / * 定义成员 year * /
};
int main()
{
    FILE * fp;                                 / * 定义文件描述符指针 fp * /
    struct date date1[3],date2[3];             / * 定义结构体变量 * /
    int i;                                     / * 定义循环体变量 * /
    if((fp = fopen("d:\\9 - 3.txt","w + ")) == NULL)   / * 判断文件是否打开成功 * /
    {
        printf("\nerror: fail in opening myfile!");
        exit(0);                               / * 退出程序 * /
    }
    printf("请输入 3 个日期,年、月、日以空格隔开:\n");
    for(i = 0; i < 3; i++)
        scanf(" % d % d % d",&date1[i].year,&date1[i].month,&date1[i].day);
                                               / * 分别输入结构体变量 date1 的值 * /
    fwrite(date1,sizeof(struct date),3,fp);    / * 将 date1 的值写入文件中 * /
    rewind(fp);                                / * 将文件内部指针移至文件头 * /
    fread(date2,sizeof(struct date),3,fp);     / * 将文件中的 3 个日期读出赋给 date2 * /
    printf("9 - 3.txt 文件中的数据为:\n");
    for(i = 0; i < 3; i++)
        printf(" % d  % d  % d\n",date2[i].year,date2[i].month,date2[i].day);
    fclose(fp);                                / * 关闭文件 * /
    return 0;
}
```

运行结果:

```
请输入 3 个日期,年、月、日以空格隔开:
2022 7 7
2022 7 8
2022 7 9
9 - 3.txt 文件中的数据为:
2022 7 7
2022 7 8
2022 7 9
```

程序说明:定义一个有 3 个元素的结构体数组,用于存放年、月、日。从键盘输入数据,用 fwrite()函数将数据输入文件,再用 fread()函数将数据从文件中读取出来后输出到屏幕上。

6. 格式化读写函数 fscanf()和 fprintf()

fscanf()函数和 fprintf()函数与前面使用的 scanf()函数和 printf()函数的功能相似,都是格式化读写函数。两者的区别在于 fscanf()函数和 fprintf()函数的读写对象不是键盘和显示器,而是磁盘文件。其一般格式如下:

```
fscanf(文件指针,格式字符串,输入列表);
fprintf(文件指针,格式字符串,输出列表);
```

例如,"fscanf(fp, "%d%s",&i,s);fprintf(fp, "%d%c",j,ch);"。

【例 9-4】 读取文本文件"d:\\9-4.txt"中的数据,求出这些数据的平均值,并将平均值追加到原始数据的后面。

```c
#include<stdio.h>
#include<stdlib.h>
#define N 6
void read_data(int a[],int n)                   /* 从文件读取数据函数 */
{
    int i;
    FILE *fp;
    if((fp=fopen("d:\\9-4.txt","r"))==NULL)
    {
        printf("文件读取失败!");
        exit(0);                                 /* 退出程序 */
    }
    for(i=0; i<n; i++)
        fscanf(fp,"%3d",&a[i]);                  /* 格式化读取文件数据 */
    fclose(fp);
}
float Ave(int a[])                               /* 计算平均值函数 */
{
    int i;
    float ave=0.0;
    for(i=0; i<N; i++)
        ave+=a[i];
    printf("计算成功,请打开文件查看!\n");
    return ave/6;
}
void write_data(int a[],float ave)               /* 写数据函数 */
{
    FILE *fp;
    if((fp=fopen("d:\\9-4.txt","a"))==NULL)
    {
        printf("文件读取失败!");
        exit(0);
    }
    fprintf(fp,"\n\n这些数的平均值为:");          /* 输出两行空行 */
    fprintf(fp,"%4.2f",ave);                     /* 输出平均值 ave,保留两位小数 */
    fclose(fp);
}
int main()
{
    int a[N];
    float ave;
    read_data(a,N);                              /* 读取文件 */
    ave=Ave(a);                                  /* 计算平均值 */
    write_data(a,ave);                           /* 把平均值回写文件中 */
    return 0;
}
```

程序运行结果如图 9-5 所示。

图 9-5　程序运行结果 3

文件内容如图 9-6 所示。

图 9-6　"d:\\9-4.txt"文件内容

程序说明：首先定义一个一维数组用于存放从文件中读取的数据，然后读取文件中的数字赋给数组元素。计算这些数据元素的平均值，并追加到原始数据后面。

9.1.4　文件定位

所谓文件位置指针，是系统设置的用来指向文件当前读写位置的指针，不需要用户定义，但会随着文件的读写操作而移动，因此，在对文件进行操作前，需先清楚当前文件位置指针的位置，在不同位置进行操作时，也需将文件位置指针定位在相应位置。

在 C 语言中，可以使用文件定位函数将文件位置指针定位在所要读写的任意位置，这些函数皆包含在头文件 stdio.h 中。

1. rewind()函数

rewind()函数的功能是将文件位置指针移至文件起始处。其一般格式如下：

```
rewind(fp);
```

其中，fp 为由 fopen()函数打开的文件指针。

2. fseek()函数

fseek()函数用于将文件位置指针移到指定位置。其一般格式如下：

```
fseek(fp,位移量,起始点);
```

其中，fp 是文件指针，指向被移动的文件。位移量是移动的字节数，要求位移量是 long 型数据，位移量可正可负。位移量为正数时，位置指针向文件尾方向移动，位移量为负数时，位置指针向文件头方向移动。起始点是位移量的参考点,有 3 种取值:0 代表文件开始位置,1 代表当前位置,2 代表文件尾位置。

例如,"fseek(fp,50L,0);"表示以文件开头为基准,文件位置指针向文件尾方向移动 50 字节。

【例 9-5】 创建名为"9-5.txt"的文件,输入"I Love China!"并存放进文件中,读取单词 "China!"并输出到终端。

```
# include < stdio.h >
# include < stdlib.h >
int main()
{
    FILE * fp;
    char filename[51],str[100];        /* filename 存放文件名,str 存放输入的字符串 */
    printf("请输入文件名:");
    scanf(" % s",filename);             /* 输入文件名 */
    if((fp = fopen(filename,"wb + ")) == NULL)
                                        /* 按二进制读写方式创建并打开指定的文件 */
    {
        printf("文件打开失败!");
        exit(0);
    }
    printf("请输入一句话:\n");
    getchar();
    gets(str);                          /* 从终端输入字符串 */
    fputs(str,fp);                      /* 将字符串输入文件 */
    fseek(fp,7L,0);                     /* 移到从头开始的第 7 个字符处 */
    fgets(str,7,fp);                    /* 读取 7 个字符给 str */
    puts(str);                          /* 将 str 输出到终端 */
    fclose(fp);
    return 0;
}
```

运行结果:

```
请输入文件名: 9 - 5
请输入一句话:
I Love China!
China!
```

程序说明:按"二进制读写"方式创建并打开指定的文件,文件名由终端输入。然后在文件中写入"I Love China!"字符串,利用 fseek()函数将文件位置指针指向"China!"的字母 "C"处,最后读取"China!"并输出到终端。

3. ftell()函数

ftell()函数用于查找位置指针的当前位置。其一般格式如下:

```
long n; n = ftell(fp);
```

返回值为文件位置指针当前位置相对于文件开始的偏移字节数,若函数调用出错,则返回 −1。

4. feof()函数

feof()函数用于判断文件位置指针是否在文件结束位置。其一般格式如下：

```
feof(fp);
```

当文件位置指针在文件末尾时,返回值为 1,否则返回值为 0。

5. ferror()函数

大多数输入输出函数不具有明确的出错信息返回,在调用各种输入输出函数时,若出现了错误,除了函数返回值有所反映外,还可用 ferror()函数检查。其一般格式如下：

```
ferror(fp);
```

其中,fp 为指向当前文件的指针。在使用各种输入输出函数进行读写时可能出错,若出错,返回值为 1,否则返回 0。

> **名师点睛**
>
> （1）ferror()函数的返回值为 0,则表示未出错；若返回值非 0,表示出错。
> （2）在调用 ferror()函数时,会自动使相应文件的 ferror()函数初值为 0。
> （3）ferror()函数反映的是最后一个函数调用的出错状态。
> （4）在执行 ferror()函数时,初值自动置为 0。

6. clearerr()函数

clearerr()函数使文件错误标志和文件结束标志置为 0。假设在调用一个输入输出函数时出现错误,ferror()函数值为一个非 0 值。在调用 clearerr(fp)后,ferror(fp)的值变为 0。

只要出现错误标志,就一直保留,直到对同一文件调用 clearerr()函数或 rewind()函数,或调用任何其他一个输入输出函数。其一般格式如下：

```
clearerr(文件指针);
```

9.2　常见错误分析

9.2.1　文件操作要素不全

文件操作三要素为打开、打开判断和关闭。初学者通常容易忘记判断是否成功打开或关闭文件,而且由于这类错误在程序编译及连接时并不报错,很容易被忽略。因此,在编写文件操作程序时可先把三要素写好,然后再添加其他操作程序段。

9.2.2　打开方式有误

要注意打开方式的差别,只写方式为只可写不可读；只读方式为只可读不可写。另外,写方式会新建文件,若想保留原文件内容,则应选择追加方式,否则原内容会丢失。例如：

```
if((fp = fopen("test","r")) == NULL)
{
        printf("Cannot open file!");
        exit(0);
}
fputs(str,fp);
```

上述代码用只读方式打开文件,却试图向该文件写入数据,显然是不行的。

9.2.3　文件位置指针混乱

编程时应了解当前文件位置指针的位置,如需要从文件开始进行操作,应保证此时位置指针在文件的开始处,或用 rewind()函数将指针强制定位。如果不了解当前文件位置指针的位置,可用 ftell()函数查找,然后再进行合适的定位。

视频讲解

9.3　文件综合应用实战

9.3.1　实战背景

《中国诗词大会》是中央电视台(以下简称央视)首档全民参与的诗词节目,节目以"赏中华诗词、寻文化基因、品生活之美"为基本宗旨,力求通过对诗词知识的比拼及赏析,带动全民重温那些曾经学过的古诗词,分享诗词之美,感受诗词之趣,从古人的智慧和情怀中汲取营养,涵养心灵。

截至 2022 年 5 月 3 日,《中国诗词大会》已经播出 6 季。节目中的选手来自各行各业,有用唱歌的方式教学生背诗的中学教师,也有用广东话朗诵诗词的图书编辑;有喜欢玩游戏的日语专业的大学生,也有失去了双臂的法律系大学生……《中国诗词大会》带动了全民学习、诵读古诗词的热潮。

9.3.2　实战目的

(1) 掌握用 fopen()函数打开文件的操作。

(2) 掌握用 fgetc()函数、fputc()函数、fgets()函数、fputs()函数、fscanf()函数和fprintf()函数等不同的方式,在屏幕上显示文件的内容。

9.3.3　实战内容

《中国诗词大会》是继《中国汉字听写大会》《中国成语大会》《中国谜语大会》之后,由央视科教频道推出的一档文化类演播室益智竞赛节目。

(1) 将上面的文字内容,用文件名"中国诗词大会.txt"存放在计算机的 D 盘上。

(2) 用 fopen()函数打开"中国诗词大会.txt"文件。

(3) 在屏幕上显示"中国诗词大会.txt"内容。

9.3.4 实战过程

```c
#include<stdio.h>
#include<stdlib.h>
int main()
{
    FILE * fp;
    char ch,str1[100],str2[100];
    if((fp=fopen("d:\\中国诗词大会.txt","r"))==NULL)
    {
        printf("文件读取失败!");
        exit(0);                      /*退出程序*/
    }
    ch=fgetc(fp);
    while(ch!=EOF)
    {
        putchar(ch);
        ch=fgetc(fp);
    }
    fclose(fp);
    printf("\n\n");
    if((fp=fopen("d:\\中国诗词大会.txt","rt"))==NULL)
    {
        printf("文件读取失败!");
        exit(0);                      /*退出程序*/
    }
    while(!feof(fp))
    {
        fgets(str1,100,fp);
        printf("%s",str1);
    }
    fclose(fp);
    printf("\n\n");
    if((fp=fopen("d:\\中国诗词大会.txt","rt"))==NULL)
    {
        printf("文件读取失败!");
        exit(0);                      /*退出程序*/
    }
    while(!feof(fp))
    {
        fscanf(fp,"%s",str2);
        printf("%s",str2);
    }
    fclose(fp);
    printf("\n\n");
    return 0;
}
```

运行结果如图 9-7 所示。

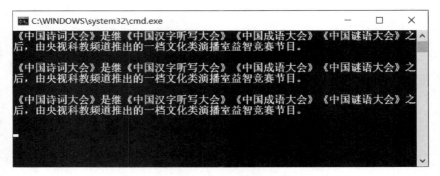

图 9-7　技能实战运行结果

9.3.5　实战意义

通过实战，学习文本文件输入输出的同时，了解、熟悉《中国诗词大会》举办的目的和意义。

《中国诗词大会》《中国汉字听写大会》《中国成语大会》《中国谜语大会》等综艺，使得现代社会与传统文化有了一次次美丽的"邂逅"，开启了当代中国的精神文化"寻根之旅"。

第 *10* 章

学生信息管理系统

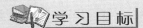脉络导图

CHAPTER *10*

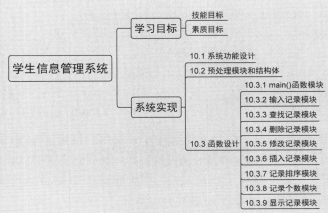

案例导读

视频讲解

学习目标

技能目标:

(1) 了解模块化程序设计思想。

(2) 掌握函数的定义与调用。

(3) 掌握结构体的定义。

(4) 掌握文件的操作。

(5) 掌握使用 C 语言编写大型程序的方法。

素质目标:

(1) 通过模块化方式实现学生信息管理系统,培养学生团队协作和爱岗敬业精神。

(2) 通过综合实例的实现,提高学生运用所学知识解决实际问题的能力。

系统实现

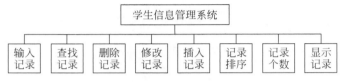10.1　系统功能设计

可将系统分为 8 大功能模块，主要包括输入记录模块、查找记录模块、删除记录模块、修改记录模块、插入记录模块、记录排序模块、记录个数模块、显示记录模块等。系统功能结构如图 10-1 所示。

```
                    ┌──────────────┐
                    │ 学生信息管理系统 │
                    └──────────────┘
   ┌──────┬──────┬──────┬──────┬──────┬──────┬──────┐
 ┌────┐┌────┐┌────┐┌────┐┌────┐┌────┐┌────┐┌────┐
 │输入││查找││删除││修改││插入││记录││记录││显示│
 │记录││记录││记录││记录││记录││排序││个数││记录│
 └────┘└────┘└────┘└────┘└────┘└────┘└────┘└────┘
```

图 10-1　系统功能结构体

10.2　预处理模块和结构体

学生信息管理系统在预处理模块中，将在整个系统程序中常用到的结构体类型的长度，以及输入输出的格式说明进行了宏定义。由于在学生信息的结构体中成员太多，对所有的成员进行应用时，代码太过于冗长、输入容易出错，因此在预处理模块中农将其宏定义为 DATA。预处理模块还对系统中的各个功能模块的函数做了声明。

```c
/****************** 预处理模块和结构体 ******************/
#include <stdio.h>
#include <stdlib.h>
#include <conio.h>
#include <dos.h>
#include <string.h>
#define LEN sizeof(struct student)
#define FORMAT "%-8d%-12s%-8.1f%-8.1f%-8.1f%-8.1f\n"
#define DATA stu[i].num,stu[i].name,stu[i].chinese,stu[i].math,stu[i].english,stu[i].sum
/****************** 定义学生成绩结构体 ******************/
struct student
{
    int num;                /* 学号 */
    char name[15];          /* 姓名 */
    float chinese;          /* 语文课 */
    float math;             /* 数学课 */
    float english;          /* 英语课 */
    float sum;              /* 总分 */
};
struct student stu[50];     /* 定义全局结构体数组 */
/****************** 函数声明与简介 ******************/
void input();               /* 录入学生成绩信息 */
void show();                /* 显示学生基本信息 */
void order();               /* 按总分排序 */
void del();                 /* 删除学生成绩信息 */
```

```
void modify();                    /*修改学生成绩信息*/
void menu();                      /*程序主菜单*/
void insert();                    /*插入学生信息*/
void total();                     /*计算总人数*/
void search();                    /*查找学生信息*/
```

10.3　函数设计

10.3.1　main()函数模块

运行学生信息管理系统,第一步会看到一个主功能菜单以供用户选择,在菜单中列出本系统的所有功能,以及如何调用相应功能的方法。系统主菜单运行界面如图 10-2 所示。

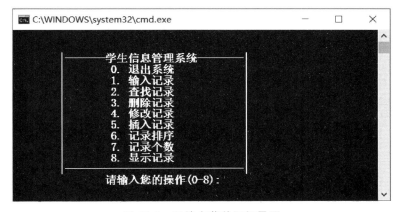

图 10-2　系统主菜单运行界面

其中,对 main()函数对应的功能进行了编号,读者可以根据需要输入对应的功能编号来调用子函数。menu()函数主要使用 printf()函数将程序中的基本功能列出。

```
/******************** main()函数 ********************/
int main()
{
    int n;
    menu();
    scanf("%d",&n);                   /*输入选择功能的编号*/
    while(n)
    {
        switch(n)
        {
        case 0: exit(0);              /*退出功能*/
        case 1: input(); break;       /*输入记录功能函数调用*/
        case 2: search(); break;      /*查找记录功能函数调用*/
        case 3: del(); break;         /*删除记录功能函数调用*/
        case 4: modify(); break;      /*修改记录功能函数调用*/
        case 5: insert(); break;      /*插入记录功能函数调用*/
        case 6: order(); break;       /*记录排序功能函数调用*/
        case 7: total(); break;       /*记录个数功能函数调用*/
        case 8: show(); break;        /*显示记录功能函数调用*/
```

```
            default: printf("输入有误,请重新输入:"); break;
            }
        getch();
        menu();                        /* 菜单界面循环显示 */
        scanf(" % d",&n);
    }
    return 0;
}
/****************** 自定义函数实现菜单功能 ****************** /
void menu()
{
    system("cls");
    printf("\n\n");
    printf("\t| ------- 学生信息管理系统 -------- |\n");
    printf("\t|\t 0. 退出系统\t\t|\n");
    printf("\t|\t 1. 输入记录\t\t|\n");
    printf("\t|\t 2. 查找记录\t\t|\n");
    printf("\t|\t 3. 删除记录\t\t|\n");
    printf("\t|\t 4. 修改记录\t\t|\n");
    printf("\t|\t 5. 插入记录\t\t|\n");
    printf("\t|\t 6. 记录排序\t\t|\n");
    printf("\t|\t 7. 记录个数\t\t|\n");
    printf("\t|\t 8. 显示记录\t\t|\n");
    printf("\t| ------------------------------- |\n");
    printf("\t\t 请输入您的操作(0 - 8):");
}
```

10.3.2　输入记录模块

在学生信息管理系统中输入学生信息模块主要用于根据提示信息将学生学号、姓名、语文、数学、英语成绩依次输入,输入结束后系统会自动将学生信息保存到磁盘文件中,并计算出学生的总分。程序应具备学生学号的唯一化处理功能。在输入新记录之前,先显示当前文件中已经存在的所有记录,这里调用 show()函数。

当用户在功能选择界面中按照提示输入"1",即可进入录入学生信息状态。调用输入记录 input()函数,当磁盘文件有存储记录时,可向文件中追加新的学生成绩信息。输入一条新记录运行效果如图 10-3。

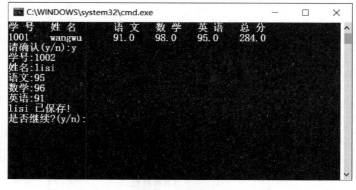

图 10-3　输入一条新记录运行效果

```c
/******************** 输入学生信息 ********************/
void input()
{
    int i,m = 0;                                    /* 变量 m 表示记录的条数 */
    char ch[2];
    FILE * fp;                                      /* 定义文件指针 */
    if((fp = fopen("stuData.txt","a + ")) == NULL)  /* 打开指定文件 */
    {
        printf("打开文件失败\n");
        return;
    }
    while(!feof(fp))
    {
        if(fread(&stu[m] ,LEN,1,fp) == 1)
            m++;                                    /* 统计当前记录条数 */
    }
    fclose(fp);
    if(m == 0)
        printf("没有数据!\n");
    else
    {
        system("cls");
        show();                                     /* 调用 show()函数,显示原有信息 */
    }

    if((fp = fopen("stuData.txt","wb")) == NULL)
    {
        printf("打开文件失败\n");
        return;
    }
    for(i = 0; i < m; i++)
    {
        fwrite(&stu[i] ,LEN,1,fp);                  /* 向指定的磁盘文件写入信息 */
    }

    printf("请确认(y/n):");
    scanf(" % s",ch);
    while(strcmp(ch,"Y") == 0||strcmp(ch,"y") == 0) /* 判断是否要输入新信息 */
    {
        printf("学号:");
        scanf(" % d",&stu[m].num);                  /* 输入学生学号 */
        for(i = 0; i < m; i++)
            if(stu[i].num == stu[m].num)
            {
                printf("此学号已存在!");
                getch();
                fclose(fp);
                return;
            }
        /* 如果学号可用,则继续输入其他数据 */
        printf("姓名:");
        scanf(" % s",stu[m].name);                  /* 输入学生姓名 */
```

```
            printf("语文:");
            scanf(" % f",&stu[m].chinese);                    /* 输入语文课成绩 */
            printf("数学:");
            scanf(" % f",&stu[m].math);                       /* 输入数学课成绩 */
            printf("英语:");
            scanf(" % f",&stu[m].english);                    /* 输入英语课成绩 */
            stu[m].sum = stu[m].chinese + stu[m].math + stu[m].english;  /* 计算出总成绩 */
            if(fwrite(&stu[m],LEN,1,fp)!= 1)          /* 将新输入的信息写入指定的磁盘文件 */
            {
                printf("保存失败!");
                getch();
            }
            else
            {
                printf(" % s 已保存!\n",stu[m].name);
                m++;
            }
            printf("是否继续?(y/n):");                          /* 询问是否继续 */
            scanf(" % s",ch);
        }
        fclose(fp);
        printf("操作成功!\n");
    }
```

10.3.3　查找记录模块

查找记录模块的主要功能是根据用户输入的学生学号对学生数据进行搜索,在功能菜单中与之对应,输入"2",调用查找记录 search()函数,如果查找成功,并按需要显示该学生的数据。查找成功并显示记录运行结果如图 10-4 所示。

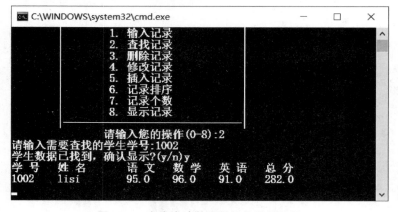

图 10-4　查找成功并显示记录运行结果

如果查找的学生学号在文件中不存在,则系统会给出"查找失败!"的提示。查找失败运行结果如图 10-5 所示。

如果文件在打开时本来就没有记录,则在进行查询时,会先显示"文件无记录"的提示。

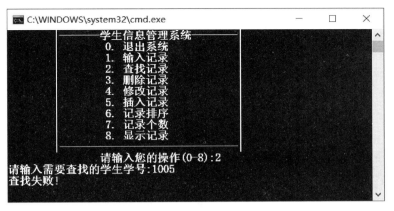

图 10-5　查找失败运行结果

```
/******************* 自定义查找函数 *******************/
void search()
{
    FILE * fp;
    int snum, i, m = 0;
    char ch[2];
    if((fp = fopen("stuData.txt","rb")) == NULL)
    {
        printf("打开文件失败\n");
        return;
    }
    while(!feof(fp))
        if(fread(&stu[m],LEN,1,fp) == 1)
            m++;
    fclose(fp);
    if(m == 0)
    {
        printf("文件无记录!\n");
        return;
    }
    printf("请输入需要查的学生学号:");
    scanf(" % d",&snum);
    for(i = 0; i < m; i++)
        if(snum == stu[i].num)              /* 查找输入的学号是否在记录中 */
        {
            printf("学生数据已找到,确认显示?(y/n)");
            scanf(" % s",ch);
            if(strcmp(ch,"Y") == 0||strcmp(ch,"y") == 0)
            {
                printf("学 号  姓 名  语 文  数 学  英 语  总 分\t\n");
                printf(FORMAT,DATA);     /* 将查找出的结果按指定格式输出 */
                break;
            }
        }
    if(i == m)
        printf("查找失败!\n");                /* 未找到要查找的信息 */
}
```

10.3.4　删除记录模块

删除记录模块的主要功能是从磁盘文件中将学生的信息读出来，从读出的信息中将要删除的学生记录找到，然后将此学生的记录数据删除。删除的过程中，后续记录会依次前移并覆盖被删除的记录。删除记录功能模块对应的菜单选项为"3"，调用删除记录 del()函数。成功删除一条记录运行结果如图 10-6 所示。

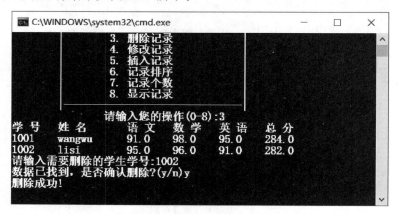

图 10-6　删除成功一条记录运行结果

```c
/ ***************** 自定义删除函数 ***************** /
void del()
{
    FILE * fp;
    int snum, i, j, m = 0;
    char ch[2];
    if((fp = fopen("stuData.txt", "r + ")) == NULL)
    {
        printf("打开文件失败\n");
        return;
    }
    while( !feof(fp) )
        if(fread(&stu[m], LEN, 1, fp) == 1)
            m++;
        fclose(fp);
        if(m == 0)
        {
            printf("文件无记录!\n");
            return;
        }
        show();                              / * 显示已有数据 * /
        printf("请输入需要删除的学生学号:");
        scanf(" % d", &snum);
        for(i = 0; i < m; i++)
        {
            if(snum == stu[i].num)           / * 查找到输入的学号 * /
            {
                printf("数据已找到,是否确认删除?(y/n)");
```

```
                    scanf(" % s",ch);
                    if(strcmp(ch,"Y") == 0||strcmp(ch,"y") == 0)   /* 判断是否要进行删除 */
                    {
                        for(j = i; j < m; j++)
                            stu[j] = stu[j + 1];        /* 将记录依次移到前面的位置 */
                        m -- ;                          /* 记录的总个数减 1 */
                        if((fp = fopen("stuData.txt","wb")) == NULL)
                        {
                            printf("打开文件失败\n");
                            return;
                        }
                        for(j = 0; j < m; j++) /* 将更改后的记录重新写入指定的磁盘文件中 */
                            if(fwrite(&stu[j] ,LEN,1,fp)!= 1)
                            {
                                printf("对不起,保存失败!\n");
                                getch();        /* 程序暂停 */
                            }
                        fclose(fp);
                        printf("删除成功!\n");
                        return;
                    }
                    else                /* 用户输入的字符不是 y 或 Y,表示取消删除 */
                    {
                        printf("取消删除!\n");
                        return;
                    }
                }
            }
    printf("没有找到要删除的信息!\n");
}
```

10.3.5　修改记录模块

修改记录模块对应功能菜单中的"4",modify()函数会先根据用户输入的学号进行查找,查找成功后,列出此学生的所有信息。然后给出提示,引导用户一步一步地对学生信息进行修改。成功修改一条记录运行结果如图 10-7 所示。

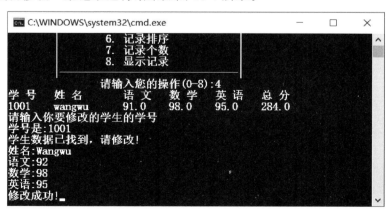

图 10-7　成功修改一条记录运行结果

如果记录不存在,则会显示"没有找到匹配信息!"的提示。

```c
/ ****************** 自定义修改函数 ****************** /
void modify()
{
    FILE * fp;
    int i,j,m = 0,snum;
    if((fp = fopen("stuData.txt","r + ")) == NULL)
    {
        printf("打开文件失败\n");
        return;
    }
    while(!feof(fp))
        if(fread(&stu[m],LEN,1,fp) == 1)
            m++;
    if(m == 0)
    {
        printf("文件无记录!\n");
        fclose(fp);
        return;
    }
    show();
    printf("请输入你要修改的学生的学号\n");
    printf("学号是:");
    scanf(" % d",&snum);
    for(i = 0; i < m; i++)
    {
        if(snum == stu[i].num)              / * 检索记录中是否有要修改的信息 * /
        {
            printf("学生数据已找到,请修改!\n");
            printf("姓名:");
            scanf(" % s",stu[i].name);       / * 输入学生姓名 * /
            printf("语文:");
            scanf(" % f",&stu[i].chinese);   / * 输入语文课成绩 * /
            printf("数学:");
            scanf(" % f",&stu[i].math);      / * 输入数学课成绩 * /
            printf("英语:");
            scanf(" % f",&stu[i].english);   / * 输入英语课成绩 * /
            printf("修改成功!");
            stu[i].sum = stu[i].chinese + stu[i].math + stu[i].english;
            if((fp = fopen("stuData.txt","wb")) == NULL)
            {
                printf("打开文件失败\n");
                return;
            }
            for(j = 0; j < m; j++)           / * 将新修改的信息写入指定的磁盘文件中 * /
                if(fwrite(&stu[j] ,LEN,1,fp)!= 1)
                {
                    printf("保存失败!");
                    getch();
                }
            fclose(fp);
            return ;
        }
    }
    printf("没有找到匹配信息!\n");
}
```

10.3.6　插入记录模块

插入记录模块的主要功能是在需要的位置插入新的学生记录,对应的菜单选项为"5",插入记录 insert()函数运行后,会先提示记录的插入位置,即需要插入在哪个学生信息的后面,然后程序会进行查找,查找成功后,将后续的所有学生记录依次后移一位,为即将插入的学生记录空出位置。插入成功后程序会提示"插入数据成功!"并将数据重新写回磁盘。成功插入一条记录运行结果如图 10-8 所示。

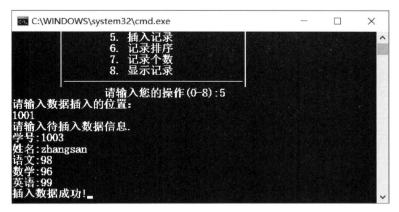

图 10-8　成功插入一条记录运行结果

```c
/******************** 自定义插入函数 ******************** /
void insert()
{
    FILE * fp;
    int i,j,k,m = 0,snum;
    if((fp = fopen("stuData.txt","r + ")) == NULL)
    {
        printf("打开文件失败\n");
        return;
    }
    while(!feof(fp))
        if(fread(&stu[m],LEN,1,fp) == 1) m++;
    if(m == 0)
    {
        printf("没有数据!\n");
        fclose(fp);
        return;
    }
    printf("请输入数据插入的位置:\n");
    scanf(" % d",&snum);                    / *输入要插入的位置 * /
    for(i = 0; i < m; i++)
        if(snum == stu[i].num)
            break;
    for(j = m - 1; j > i; j -- )
        stu[j + 1] = stu[j];               / *从最后一条记录开始均向后移一位 * /
    printf("请输入待插入数据信息.\n");
    printf("学号:");
```

```c
                scanf("%d",&stu[i+1].num);
                for(k=0; k<m; k++)
                    if(stu[k].num==stu[m].num)
                    {
                            printf("此学号已存在!");
                            getch();
                            fclose(fp);
                            return;
                    }
                printf("姓名:");
                scanf("%s",stu[i+1].name);
                printf("语文:");
                scanf("%f",&stu[i+1].chinese);
                printf("数学:");
                scanf("%f",&stu[i+1].math);
                printf("英语:");
                scanf("%f",&stu[i+1].english);
                stu[i+1].sum=stu[i+1].chinese+stu[i+1].math+stu[i+1].english;
                if((fp=fopen("stuData.txt","wb"))==NULL)
                {
                        printf("打开文件失败\n");
                        return;
                }
                for(k=0; k<=m; k++)
                    if(fwrite(&stu[k],LEN,1,fp)!=1)          /*将修改后的记录写入磁盘文件中*/
                    {
                            printf("保存失败!");
                            getch();
                            return;
                    }
                printf("插入数据成功!");
                getch();
                fclose(fp);
}
```

10.3.7 记录排序模块

记录排序模块实现的功能是对学生总成绩按照从高到低进行排序,并将排序后的数据写回磁盘中保存,对应的菜单选项为"6"。按总分排序成功后运行结果如图 10-9 所示。

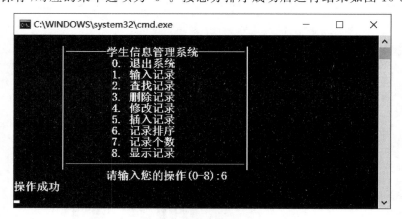

图 10-9 按总分排序成功后显示运行结果

```
/****************** 自定义排序函数 ****************** /
void order()
{
    FILE * fp;
    struct student t;
    int i = 0,j = 0,m = 0;
    if((fp = fopen("stuData.txt","r + ")) == NULL)
    {
        printf("打开文件失败!\n");
        return;
    }
    while(!feof(fp))
        if(fread(&stu[m] ,LEN,1,fp) == 1)
            m++;
    fclose(fp);
    if(m == 0)
    {
        printf("无记录!\n");
        return;
    }
    if((fp = fopen("stuData.txt","wb")) == NULL)
    {
        printf("打开文件失败\n");
        return;
    }
    for(i = 0; i < m - 1; i++)
        for(j = i + 1; j < m; j++)          /* 双重循环实现成绩比较并交换 */
        {
            if(stu[i].sum < stu[j].sum)
            {
                t = stu[i]; stu[i] = stu[j];
                stu[j] = t;
            }
        }
    if((fp = fopen("stuData.txt","wb")) == NULL)
    {
        printf("打开文件失败\n");
        return;
    }
    for(i = 0; i < m; i++)                   /* 将重新排好序的内容重新写入指定的磁盘文件中 */
        if(fwrite(&stu[i],LEN,1,fp)!=1)
        {
            printf("保存失败!\n");
            getch();
        }
    fclose(fp);
    printf("操作成功\n");
}
```

10.3.8　记录个数模块

如果想查看当前文件中学生记录的总数,可使用记录个数模块,对应菜单选项为"7"。

显示学生记录个数运行结果如图 10-10 所示。

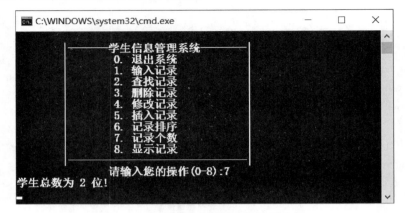

图 10-10　显示学生记录个数运行结果

```
/ * * * * * * * * * * * * * * * * * * * 显示学生总人数 * * * * * * * * * * * * * * * * * * * /
void total()
{
    FILE * fp;
    int m = 0;
    if((fp = fopen("stuData.txt","r + ")) == NULL)
    {
        printf("打开文件失败\n");
        return;
    }
    while(!feof(fp))
        if(fread(&stu[m],LEN,1,fp) == 1)
            m++;                            / * 统计记录个数即学生个数 * /
    if(m == 0)
    {
        printf("文件无记录!\n");
        fclose(fp);
        return;
    }
    printf("学生总数为 % d 位!\n",m);        / * 将统计的个数输出 * /
    fclose(fp);
}
```

10.3.9　显示记录模块

显示记录模块实现的功能是将文件中的记录按指定的格式打印出,对应菜单选项为“8”。显示全部记录运行结果如图 10-11 所示。

```
/ * * * * * * * * * * * * * * * * * * 显示学生信息 * * * * * * * * * * * * * * * * * * /
void show()
{
    FILE * fp;
    int i,m = 0;
    fp = fopen("stuData.txt","rb");
```

```
while(!feof(fp))
{
        if(fread(&stu[m] ,LEN,1,fp) == 1)
                m++;
}
fclose(fp);
printf("学 号　姓 名　语 文　数 学　英 语　总 分\t\n");
for(i = 0; i < m; i++)
{
        printf(FORMAT,DATA);        /*将学生信息按指定格式打印*/
}
}
```

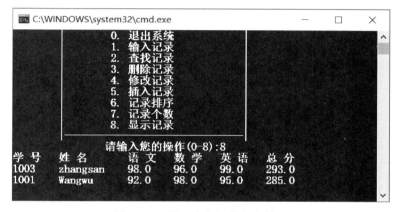

图 10-11　显示全部记录运行结果

参 考 文 献

［1］ 武春岭,高灵霞.C语言程序设计[M].2版.北京：高等教育出版社,2020.

［2］ 袁燕,赵军,叶勇,等.C语言程序设计[M].重庆：重庆大学出版社,2021.

［3］ 谭浩强.C程序设计[M].5版.北京：清华大学出版社,2017.

［4］ 李少芳,张颖.C语言程序设计基础教程[M].北京：清华大学出版社,2020.